**Heizanlagen und zentrale Wassererwärmungsanlagen**

# Jetzt diesen Titel zusätzlich als E-Book downloaden und 70 % sparen!

Als Käufer dieses Buchtitels haben Sie Anspruch auf ein besonderes Kombi-Angebot: Sie können den Titel zusätzlich zum Ihnen vorliegenden gedruckten Exemplar für nur 30 % des Normalpreises als E-Book beziehen.

Der BESONDERE VORTEIL: Im E-Book recherchieren Sie in Sekundenschnelle die gewünschten Themen und Textpassagen. Denn die E-Book-Variante ist mit einer komfortablen Volltextsuche ausgestattet!

**Deshalb: Zögern Sie nicht. Laden Sie sich am besten gleich Ihre persönliche E-Book-Ausgabe dieses Titels herunter.**

## In 3 einfachen Schritten zum E-Book:

❶ Rufen Sie die Website **www.beuth.de/e-book** auf.

❷ Geben Sie hier Ihren persönlichen, nur einmal verwendbaren E-Book-Code ein:

**271058C18114AKA**

❸ Klicken Sie das „Download-Feld" an und gehen dann weiter zum Warenkorb. Führen Sie den normalen Bestellprozess aus.

Hinweis: Der E-Book-Code wurde individuell für Sie als Erwerber dieses Buches erzeugt und darf nicht an Dritte weitergegeben werden. Mit Zurückziehung dieses Buches wird auch der damit verbundene E-Book-Code für den Download ungültig.

# Heizanlagen und zentrale Wassererwärmungsanlagen

Dr.-Ing. Matthias Wagnitz
Dipl.-Ing. (FH) Clemens Schickel

# Heizanlagen und zentrale Wassererwärmungsanlagen

Kommentar zu VOB/C: ATV DIN 18380

1. Auflage 2017

Herausgeber:
DIN Deutsches Institut für Normung e. V.

Beuth Verlag GmbH · Berlin · Wien · Zürich

Herausgeber: DIN Deutsches Institut für Normung e. V.

**© 2017 Beuth Verlag GmbH**
**Berlin · Wien · Zürich**
Am DIN-Platz
Burggrafenstraße 6
10787 Berlin

Telefon: +49 30 2601-0
Telefax: +49 30 2601-1260
Internet: www.beuth.de
E-Mail: kundenservice@beuth.de



Titelbild: © Uximetc pavel, Benutzung unter Lizenz von shutterstock.com
Satz: Sabine Wasser, Berlin
Druck: Medienhaus Plump GmbH, Rheinbreitbach
Gedruckt auf säurefreiem, alterungsbeständigem Papier nach DIN EN ISO 9706

ISBN 978-3-410-27105-5
ISBN (E-Book) 978-3-410-27106-2

# Vorwort

Mit der Gesamtausgabe 2016 der VOB ist die Besonderheit verbunden, dass auf Grundlage eines Beschlusses des Deutschen Vergabe- und Vertragsausschusses für Bauleistungen DVA die „Allgemeinen Technischen Vertragsbedingungen für Bauleistungen“ in VOB Teil C bezüglich des Kapitels 5 „Abrechnung“ formal aneinander anzugleichen waren. Damit in Zusammenhang steht die Aufforderung des Hauptausschusses Hochbau an alle ehemaligen Fachberatergremien, ihre jeweiligen Fachnormen entsprechend anzupassen. Für die ATV-Normen DIN 18379 „Raumlufttechnische Anlagen“, DIN 18380 „Heizanlagen und zentrale Wassererwärmungsanlagen“ und DIN 18381 „Gas-, Wasser- und Entwässerungsanlagen innerhalb von Gebäuden“ ergab sich daher die Gelegenheit, alle drei Normen auf einen aktuellen Stand der Technik zu bringen und gleichzeitig inhaltlich anzugleichen. Besonders förderlich für die gemeinsame Bearbeitung war der Umstand, dass alle drei Arbeitsgruppen von Prof. Gerald Lange geleitet wurden, für dessen ehrenamtliches Engagement an dieser Stelle ein besonderer Dank ausgesprochen wird.

Die Autoren der Kommentare zu DIN 18379, DIN 18380 und DIN 18381 waren, neben Vertretern der öffentlichen Auftraggeber, der Planer und der Sachverständigen, in die Überarbeitung der Normen eingebunden und haben sie somit inhaltlich mitgestaltet. Sie sind für die Verbände des TGA-Handwerks und des TGA-Anlagenbaus als technische Referenten tätig. Ein Ergebnis der gemeinsamen Bearbeitung der drei Kommentare ist eine inhaltlich gleiche Interpretation gleichlautender Abschnitte.

Bei dem Einsatz der Kommentare zur Interpretation von Inhalten der technischen Vertragsbedingungen ist immer auch die allgemein für alle ATVen geltende DIN 18299 „Allgemeine Regelungen für Bauarbeiten jeder Art“ zu berücksichtigen. Hier sind die allen Gewerken übergeordneten Themen geregelt, welche daher in den einzelnen Fachnormen nicht mehr separat behandelt werden.

Die Kommentierung bezieht sich ausschließlich auf die technischen Inhalte der behandelten Norm und soll ausdrücklich nicht als deren juristische Würdigung verstanden werden.

Die Basis dieses Kommentars wurde übergreifend über die ATV DIN 18379, ATV DIN 18380 und ATV DIN 18381 von folgendem Autorenteam erstellt (in alphabetischer Reihenfolge):

- Andreas Braun (ZVSHK), Staatl. gepr. Techniker
- Dipl.-Ing. (FH) Clemens Schickel (BTGA)
- Dipl.-Ing. M. Eng. Stefan Tuschy (BTGA)
- Dr.-Ing. Matthias Wagnitz (ZVSHK)

Die Anpassung speziell an die ATV DIN 18380 erfolgte durch die beiden Hauptautoren dieses Kommentars Dr. Matthias Wagnitz und Clemens Schickel.

Annette Bothing (Olaf Heinecke Beratende Ingenieurgesellschaft mbH) sei an dieser Stelle für die Erstellung der Abbildung in Kapitel 5 gedankt.

Dieser Kommentar wurde erstellt mit freundlicher Unterstützung von

# Inhaltsverzeichnis

# Einleitung

Die ATV DIN 18380 „Heizanlagen und zentrale Wassererwärmungsanlagen" legt die allgemeinen technischen Vertragsbedingungen fest, die für die Ausführung, die Haupt- und die Nebenleistungen und die Abrechnung des Gewerks gelten. Sie gilt für das Herstellen von Heizanlagen mit zentraler Wärmeerzeugung sowie von zentralen Wassererwärmungsanlagen.

Im Rahmen der VOB-Revision 2016 wurde die DIN 18380 vom Deutschen Vergabe- und Vertragsausschuss für Bauleistungen (DVA) fachtechnisch überarbeitet und teilweise neu strukturiert (Abschnitt 5 „Abrechnung").

Neu ist, dass das Dokument jetzt auch für das Herstellen von Wärmeverteilanlagen (Heiz- und Kühlanlagen) gilt, bei denen Wasser oder Wassergemische als Energieträger verwendet werden. Redaktionell wurden unter anderem die Verweisungen auf VOB/A aktualisiert.

Dieses Werk enthält eine umfassende Kommentierung dieser ATV und informiert über ihre Auslegung und Anwendung in der Praxis.

# Kommentierung der ATV DIN 18380 „Heizanlagen und zentrale Wassererwärmungsanlagen“

***0 Hinweise für das Aufstellen der Leistungsbeschreibung***

*Diese Hinweise ergänzen die ATV DIN 18299 „Allgemeine Regelungen für Bauarbeiten jeder Art“, Abschnitt 0. Die Beachtung dieser Hinweise ist Voraussetzung für eine ordnungsgemäße Leistungsbeschreibung gemäß §§ 7 ff., §§ 7 EU ff. beziehungsweise §§ 7 VS ff. VOB/A.*

*Die Hinweise werden nicht Vertragsbestandteil.*

*In der Leistungsbeschreibung sind nach den Erfordernissen des Einzelfalls insbesondere anzugeben:*

Aufgrund der Langlebigkeit von Installationen im Heizungsbereich und dem Einfluss des Energieverbrauchs dieser Anlagen auf die Umwelt und auch die laufenden Kosten im Rahmen der Bewirtschaftung kommt der Planung und Ausführung dieser Gewerke eine große Rolle zu.

Bei Planung, Bau und Betrieb sind regelmäßig besondere Anforderungen an Energieeffizienz, Bedienbarkeit und Lebensdauer zu beachten. Auch die Verknüpfung mit anderen Gewerken (wie z. B.: Sanitär, MSR usw.) lassen dem Planer hinsichtlich Planung und Abstimmung eine große Verantwortung zukommen.

Um diese Anforderungen zu erfüllen und eine ordnungsgemäße Ausführung zu ermöglichen, wurde der Abschnitt 0 als Hinweis für den Planer formuliert. Er ist nicht Vertragsbestandteil und ist als Hilfestellung für den Planer bei der Aufstellung der Leistungsbeschreibung gedacht.

Grundlegend sind die Regelungen der ATV DIN 18299 „Allgemeine Regelungen für Bauarbeiten jeder Art“ anzuwenden. Werden in dieser ATV abweichende Angaben zur ATV DIN 18299 gemacht, so gehen die Angaben der ATV DIN 18381 vor. Grund hierfür sind die Besonderheiten des Gewerkes, die nicht in den allgemeinen Regelungen für Bauarbeiten abgebildet werden können.

***0.1 Angaben zur Baustelle***

Um den Bauablauf gut planen zu können und um mögliche Störfaktoren frühzeitig zu eliminieren, ist es notwendig, sich im Vorfeld der Ausführung einen guten Überblick über die zu erwartenden Einflussfaktoren zu beschaffen.

### *0.1.1 Hauptwindrichtung.*

Die Hauptwindrichtung hat wesentlichen Einfluss auf Witterungseinflüsse und die Luftströmung um das Gebäude. Für die Planung bedeutet dies, es ist darauf zu achten, an welchen Stellen Lüftungsöffnungen möglich und sinnvoll sind. Man kann hier positive Effekte **beispielsweise bei An- und Abströmung von Lüftungsgittern** nutzen, oder auch einen Grundstein für negative Einflüsse legen. Die Hauptwindrichtung hat Einfluss auf die Frischluftzufuhr bei einem Kessel, den Schutz angrenzender Grundstücke und Wohnungen (zum Beispiel vor den Abgasen der geplanten Heizung) und auch auf die Schallausbreitung.

Für die Ausführung zum Zeitpunkt der Bauphase ist diese Angabe ebenfalls wichtig. So lässt sich der Bauablauf besser planen. Noch fensterlose oder offene Räume, die der Witterung und dem Eintrag von Staub und sonstigen Immissionen stärker ausgesetzt sind, eignen sich nicht für die Lagerung und Unterbringung von empfindlichen Materialien und Bauteilen.

Es lässt sich auch darauf schließen, in welchen Bereichen durch die Arbeiten Störungen für die Nachbargrundstücke und Gebäude auftreten können.

Sind solche Konflikte absehbar, oder werden die notwendigen Daten nicht zur Verfügung gestellt, so sollten schriftlich Bedenken angemeldet werden.

### *0.1.2 Ausbildung von Baugruben.*

Bei der Ausbildung von Baugruben sind der Umfang und die Dauer klar zu definieren. Unter Umständen kann es sinnvoll sein, die Grube und den Verbau für andere Beteiligte gleich mit auszuführen und vorzuhalten. Ebenso ist genau abzustimmen, welche Grenzen zu Nachbargrundstücken und anderen Bauteilen einzuhalten sind.

### *0.1.3 Bebauung der Umgebung.*

Die Bebauung der Umgebung kann einen wesentlichen Einfluss auf die Abläufe im Baugeschehen haben. Hier ist im Vorhinein auf Hindernisse wie zum Beispiel: fehlende Parkplätze, Zufahrtsbeschränkungen, Ruhezeiten etc. hinzuweisen.

***0.1.4** Art der Abdichtung von Bauwerken und Bauwerksteilen, z. B. Wannenausbildung von Kellern.*

Diese Hinweise sind aus zwei Gründen notwendig. Auf der einen Seite gibt es unmittelbare Unverträglichkeiten zwischen verschiedenen Werkstoffen, zum Beispiel im Bereich Flächenheizung zwischen Dämmstoffen und bituminösen Abdichtungen. Auf der anderen Seite müssen Dichtungsebenen in Abhängigkeit von der Leitungsführung durchbrochen werden. Hier muss für einen geeigneten Anschluss an die Dichtungsebene gesorgt werden. Um alle Bauteile entsprechend auszuwählen und rechtzeitig vorzuhalten, ist eine frühzeitige, umfassende Abstimmung nötig.

***0.1.5** Aufbau der Fußboden- und Dachkonstruktion, Dämmung und Abdichtung.*

Um die fertigen Maße und Höhen im Vorhinein richtig vorzurichten, sind die Angaben zu Aufbauhöhen und Unterkonstruktionen mit Unterzügen und Trägern im Vorfeld abzustimmen. Bei Abweichungen sind neue Abstimmungen und abgestimmte Angaben notwendig.

Des Weiteren dienen die Angaben für die Beurteilung der geplanten Leitungsführung (zum Beispiel im Bodenaufbau) und der Möglichkeit, zum Beispiel Leitungen an der Deckenkonstruktion zu befestigen.

***0.1.6** Art und Umfang der Schutzmaßnahmen entsprechend VDE-Bestimmungen.*

Die Abstimmung von Art und Umfang der Schutzmaßnahmen entsprechend VDE-Bestimmungen ist zwingend erforderlich, um alle sicherheitsrelevanten Punkte ordentlich auszuführen. Dies hat auch Auswirkungen auf die Produktauswahl und die Ausführung von Spritzwasserbereichen.

***0.1.7** Art, Lage, Maße und Ausbildung sowie Termine des Auf- und Abbaus von bauseitigen Gerüsten.*

Zur optimalen Ausnutzung der Standzeiten von bauseitigen Gerüsten ist es zu empfehlen, die Arbeiten und Zeitabläufe aufeinander abzustimmen. Wichtige Termine wie Auf-, Ab- und Umbau sind zu koordinieren, da zu diesen Zeiten oft nicht wie gewohnt gearbeitet werden kann.

### *0.2 Angaben zur Ausführung*

Zusätzlich zu den in DIN 18299 genannten Angaben zur Ausführung werden im Bereich Heizungstechnik 39 weitere relevante Punkte als Checkliste für die notwendigen Informationen zur Ausführung aufgeführt.

Der große Umfang dieser Checkliste begründet sich im Umfang und der Komplexität des Gewerkes.

#### *0.2.1 Anzahl, Art, Lage, Maße, Stoffe und Ausbildung der herzustellenden Anlagen.*

Um dem Auftragnehmer eine genauere Vorstellung zu dem geplanten Bauablauf zu vermitteln, sollten alle notwendigen Angaben zu Umfang, Ausmaß und Abmessung bereits im Vorfeld bekannt gemacht werden. Gemeint ist eine genaue Beschreibung der zu erstellenden Anlagen.

#### *0.2.2 Umfang der vom Auftragnehmer vorzunehmenden Installation der anlageninternen elektrischen Leitungen einschließlich Auflegen auf die Klemmen.*

Gerade in Hinsicht auf die Gewerke Elektrotechnik und MSR ist eine genaue Abgrenzung erforderlich. Der Auftraggeber hat sich im Vorfeld darüber Gedanken zu machen, wo genau die Schnittstellen zwischen den Gewerken liegen. Hier sind im Vorfeld genaue Angaben notwendig, wer welche Arbeiten ausführt und wer welche Anschlüsse liefert. Im Regelfall handelt es sich um die Bereitstellung von Kabelenden durch das Fremdgewerk, die dann an der Anlage aufgelegt werden, oder um Klemmen, die zum Anschluss/Auflegen durch das Fremdgewerk bereitgestellt werden.

#### *0.2.3 Art und Bedarfe, z. B. thermischer Energiebedarf, anderer, nicht zur vertraglichen Leistung gehörender Komponenten.*

Angaben für zu versorgende Anlagen im Bestand oder von Fremdgewerken sind ausführlich zu beschreiben und klar abzugrenzen. Als Beispiel kann bei Arbeiten im Bestand der Anschluss eines Gebäudeteiles dienen, der von der ausgeschriebenen Anlage mitversorgt wird, jedoch nicht im Rahmen des Auftrages saniert wird.

***0.2.4** Geforderte Druckstufen für Anlagenteile.*

Sind für bestimmte Anlagenteile unterschiedliche Druckfestigkeiten vorzusehen, so sind die genauen Positionsangeben und Anforderungen an die jeweiligen Druckzonen klar zu definieren. Diese Angaben sind im Bereich Heizung nicht trivial. Die geplanten Druckstufen ergeben sich zum Beispiel durch die Gebäudehöhe oder den direkten Anschluss an eine Fernwärmeversorgung (ohne Wärmetauscher). Die resultierenden Anforderungen sind für den Auftragnehmer nicht unmittelbar erkennbar.

***0.2.5** Beibringen von Genehmigungen, Prüfungen und Abnahmen, z. B. Behälterprüfungen nach der Betriebssicherheitsverordnung (BetrSichV).*

Sind Genehmigungen, Prüfungen und Abnahmen gefordert und sollen diese durch den Auftragnehmer beigebracht werden, so sind diese ausführlich zu beschreiben. Dabei handelt es sich bei den Prüfungen gem. 4.2.23 um Besondere Leistungen.

***0.2.6** Zerstörungsfreie Prüfungen bei Hochdruckleitungen und schwer zugänglichen Leitungen.*

Werden besondere Prüfungen gewünscht, so sind diese im Vorfeld mit den einzuhaltenden Vorgaben anzugeben.

***0.2.7** Anzahl, Art und Maße von Mustern und Musterkonstruktionen. Ort der Anbringung.*

Sind besondere Muster oder Musterkonstruktionen bereitzustellen oder zu errichten, so sind hierzu die entsprechenden Angaben zu machen.

***0.2.8** Art und Umfang von Leistungen für den Winterbau.*

Sind witterungsbedingt besondere Vorkehrungen für die Erbringung von Leistungen zu treffen, so sind diese in Art und Ausführung genau zu beschreiben. Beispielhaft sei hier die Erstellung von Provisorien zur Beheizung der Baustelle genannt, um bei niedrigen Außentemperaturen Verlegearbeiten von Kunststoffrohren zu ermöglichen (s. Abschnitt 3.1.5).

### *0.2.9 Schutz von Bau- und Anlagenteilen, Einrichtungsgegenständen und dergleichen.*

Sind zum Schutz vorhandener Einrichtungsgegenstände und Bauteile besondere Vorsichtsmaßnahmen zu ergreifen, so sind diese im Vorfeld zu beschreiben. **Beispiele: Arbeiten mit minimierter Staubbelastung, Schutz und Lagerung wieder zu verwendender Bauteile, Abdeckungen für Fußböden etc.**

### *0.2.10 Minderung der Wärmeleistung der Raumheizflächen durch Heizkörperverkleidungen oder sonstige Maßnahmen.*

Diese Angabe ist für die Plausibilitätsprüfung gem. Abschnitt 3.1.3 der durch den Auftraggeber durchgeführten Planung notwendig.

### *0.2.11 Besondere Anforderungen an Wand- und Deckendurchführungen.*

Wand- und Deckendurchführungen, für die Anforderungen an Brand-, Schall-, Wärme-, Feuchte- und Strahlenschutz sowie die Energieeffizienz und die Luftdichtigkeit der Gebäudehülle gelten, sind dem Auftragnehmer bereits im Vorfeld in Art und Umfang detailliert anzugeben und entsprechend in den Plänen zu kennzeichnen.

### *0.2.12 Anforderungen an den Brand-, Schall-, Wärme-, Feuchte- und Strahlenschutz, Energieeffizienz sowie an die Luftdichtheit der Gebäudehülle. Art und Umfang erforderlicher Leistungen.*

Besondere Anforderungen an den Brand-, Schall-, Wärme-, Feuchte- und Strahlenschutz sowie zur Energieeffizienz und an die Luftdichtigkeit der Gebäudehülle sind dem Auftragnehmer bereits im Vorfeld in Art und Umfang detailliert anzugeben und entsprechend in den Plänen zu kennzeichnen. Hierbei ist insbesondere die Angabe von Brandabschnitten, Temperaturbereichen (z. B.: Diffusionsdichte Dämmung), Luftdichtigkeitsklassen/Druckzonen und des energetischen Standards erforderlich. Aus diesen Angaben lassen sich unterschiedliche Ausführungshinweise ableiten. So muss in einem Passivhaus in gesteigertem Maße auf die Luftdichtheit in allen Gebäudebereichen geachtet werden. Bei einer Heizungssanierung in einem ansonsten unsanierten Bestandsgebäude sind hier nur geringe Anforderungen zu beachten.

### *0.2.13 Anforderungen an die auf den Rohfußboden zu verlegenden Leitungen.*

Für Leitungen, die auf dem Rohfußboden zu verlegen sind, müssen alle Angaben bezüglich Fußbodenaufbau und Trittschall dem Auftragnehmer zur Verfügung gestellt werden.

Beispiel: Verlegung in der Ausgleichsisolierung.

Dies wird auf der einen Seite benötigt, um die grundsätzliche Einbaubarkeit im Sinne von benötigter Höhe beurteilen zu können. Auf der anderen Seite greift die Verlegung in der Dämmebene bzw. in oder unterhalb der Trittschallebene in die energetische Qualität bzw. den Schallschutz massiv ein.

### *0.2.14 Art und Umfang von Leistungen zur Schaffung von Zonen mit unterschiedlichen raumklimatischen Anforderungen.*

Die Planung von raumklimatischen Zonen hat unmittelbar Einfluss auf das Regelkonzept und ist deswegen wichtig für das Verständnis des Anlagenkonzeptes und die korrekte Installation.

### *0.2.15 Anforderungen an die Wärmedämmung der auf dem Rohfußboden verlegten Leitungen.*

Die Anforderungen an die Wärmedämmung der auf dem Rohfußboden verlegten Leitungen sind ausführlich zu beschreiben. Neben dem in Abschnitt 0.2.13 erwähnten Höheneinfluss und dem daraus resultierenden Eingriff in weitere Gewerke ist die Art der gewünschten Ausführung nicht ohne Weiteres erkennbar. Es können sich Anforderungen an die Dämmung ergeben, die aus dem Schutz der versorgten Wohnung vor Überhitzung resultieren. Aufgrund des gewählten energetischen Standards können sich ebenfalls höhere Anforderungen ergeben. Bei einem kombinierten Heiz-/Kühlbetrieb können sich Anforderungen an die Diffusionsdichtigkeit der Dämmmaterialien ergeben.

### *0.2.16 Besondere physikalische und chemische Beanspruchungen, denen Stoffe und Bauteile nach dem Einbau ausgesetzt sind.*

Der Auftraggeber hat im Vorfeld den Auftragnehmer auf besondere physikalische und chemische Beanspruchungen hinzuweisen, denen Stoffe und Bauteile nach dem Einbau ausgesetzt sind.

Beispiel: Aggressive Umgebungsbedingungen in Lagerräumen von Chemikalien, Abdichtungen mit Epoxidharz oder Verguss mit Estrichmörtel.

Durch die zunehmende Doppelnutzung von Rohrleitungen und Heizflächen für Heiz- und Kühlzwecke besteht bei Verwendung von ungeeigneten Dämmstoffen eine Belastung mit Kondenswasser. Ohne die entsprechenden Hinweise würden hier offenporige Dämmstoffe gewählt werden.

***0.2.17** Art und Umfang von Korrosionsschutzmaßnahmen (siehe Abschnitte 2.1 und 3.1.1) und Maßnahmen zur Vermeidung von Steinbildung (siehe Abschnitt 3.1.1).*

Die Art und der Umfang von Korrosionsschutzmaßnahmen wie auch die Vermeidung von Steinbildung sind in Abhängigkeit von Wasserqualität und den eingesetzten Materialien sowie den geplanten Betriebstemperaturen festzusetzen und zu beschreiben. Hinweise, auch zur VDI 2035, gibt 3.1.1.

***0.2.18** Art und Umfang der Kennzeichnung von Rohrleitungen.*

Es ist zu beschreiben, wie die Kennzeichnung von Rohrleitungen zu erfolgen hat (z. B. Aufkleber, gefräste Schilder).

Neben normativen Vorgaben, zum Beispiel nach DIN 2403 Kennzeichnung von Rohrleitungen nach dem Durchflussstoff (Juni 2014), können sich Anforderungen aus der geplanten Bewirtschaftung der Anlage ergeben, die für den Auftragnehmer nicht erkennbar sind. Möglich ist auch, dass der AG ein eigenes Kennzeichnungssystem entwickelt hat, dem neue Installationen anzupassen sind.

***0.2.19** Art und Umfang von Provisorien, z. B. vorübergehende Versorgung durch eine transportable Heizzentrale, Bereitstellung von Brennstoff, Bedienungspersonal.*

Neben den unmittelbar erkennbaren Anforderungen an den Auftragnehmer, zum Beispiel durch das Beschaffen einer transportablen Heizzentrale, sind mit Provisorien Folgen verknüpft, die sich nicht auf den ersten Blick erschließen. Das vorzeitige Inbetriebnehmen der Heizungsanlage für den Winterbetrieb kann einen erhöhten Abstimmungsbedarf mit dem Gewerk Sanitär nach sich ziehen, wenn zeitgleich die Trinkwasserinstallation in Betrieb genommen werden soll

(Hygieneproblematik). Ebenso können sich Folgen für eine eventuell notwendige Aufbereitung des Anlagenwassers ergeben.

Bei einem Anlagenbetrieb im Verlauf von Frostperioden kann eine Überwachung der korrekten Funktion nötig sein, um eine Betriebsstörung frühzeitig erkennen und Schäden verhindern zu können. Der dazu erforderliche personelle Aufwand muss beschrieben und kalkuliert werden.

***0.2.20** Vorgezogenes oder nachträgliches Herstellen von Teilen der Leistung. Zeitpunkte der – gegebenenfalls stufenweisen – Fertigstellung und Inbetriebnahme.*

Hintergrund für diese Forderung ist der kalkulatorische Mehrbedarf, der sich zum Beispiel durch mehrmaliges Verschieben des Arbeitsplatzes des Auftragnehmers (einschl. Material und Werkzeug) auf der Baustelle ergibt, oder der erhöhte Abstimmungsbedarf im Sinne des Abschnittes 0.2.19.

***0.2.21** Schnittstellen zu anderen Gewerken.*

Schnittstellen zu anderen Gewerken sind in Art und Umfang mit allen Leistungsdaten und Dimensionen detailliert anzugeben. Hierunter fallen insbesondere Versorgungsleitungen für die Gewerke Lüftung, Sanitär und MSR/Gebäudeautomation im Sinne von Abschnitt 0.2.22.

***0.2.22** Angaben zur Gebäudeautomation, z. B. Schnittstellen, Schnittstellendefinition.*

Der Auftragnehmer benötigt die Angaben, welche Daten in welcher Form an die Gebäudeautomation zu übermitteln sind. Beispiele hierfür sind Kommunikationsprotokolle (LON, BACnet, KNX, etc.), Leistungsdaten und Störmeldungen von Pumpen, Zähleinrichtungen, Feuchtefühlern oder Temperaturfühlern.

***0.2.23** Art und Umfang von Leistungen zur gewerkeübergreifenden Inbetriebnahme.*

Sind für die Inbetriebnahme von Anlagen/Anlagenteilen gewerkeübergreifende Abstimmungen nötig, so sind diese im Vorfeld ausführlich zu beschreiben und zu planen. Gängige Beispiele hierfür sind die Inbetriebnahme von Heizkesseln, Luftbefeuchtern, Warmwasserbereitern etc.

Beispiel: Der Trinkwasserspeicher wird vom Sanitärgewerk geliefert und montiert. Der Anschluss an das Heizungsnetz und die Regeltechnik erfolgt durch das Heizungsunternehmen. Wenn die Inbetriebnahme bei beiden Gewerken unabgestimmt zu unterschiedlichen Zeiten erfolgt, besteht die Gefahr einer hygienisch bedenklichen Verkeimung der Trinkwasseranlage.

***0.2.24** Durchführung von Funktionsmessungen.*

Sind durch den Auftraggeber besondere Verfahren zur Durchführung von Funktionsmessungen gefordert, so sind diese in Art und Umfang detailliert zu beschreiben. Als besondere Funktionsmessungen kommen z. B. Volumenstrom- und Temperaturmessungen zur Überprüfung des hydraulischen Abgleichs in Betracht.

***0.2.25** Art und Umfang der bereit zu stellenden und zu übergebenden Unterlagen vor der Montage bzw. zur Bestandsdokumentation, z. B.:*

- *Funktions- und Strangschemata,*
- *Bestandspläne der errichteten Anlagen,*
- *Stückliste, enthaltend alle Mess-, Steuerungs- und Regelgeräte (MSR),*
- *Stromlaufplan und gegebenenfalls Funktionsplan der Steuerung nach DIN EN 60848 „GRAFCET, Spezifikationssprache für Funktionspläne der Ablaufsteuerung“,*
- *Funktionsbeschreibung unter Einbeziehung der Regelung mit Darstellung der Regelschemata,*
- *Protokolle über die im Rahmen der Einregulierungsarbeiten durchgeführten endgültigen Einstellungen und Messungen,*
- *Ersatzteillisten,*
- *Berechnung des Energiebedarfs,*
- *Berechnung der Netze und Einstellwerte,*
- *Diagramme und Kennlinienfelder,*
- *Informationslisten bei MSR-Anlagen in DDC-Technik (siehe Richtlinien der Reihe VDI 3814 „Gebäudeautomation (GA)“)[1].*

1) Autor: VDI – Gesellschaft Bauen und Gebäudetechnik, VDI-Platz 1, 40468 Düsseldorf, www.vdi.de. Zu beziehen durch: Beuth Verlag GmbH, 10772 Berlin, www.beuth.de.

Der Ausschreibende ist angehalten, Art und Umfang der vom Auftragnehmer zu übergebenden Unterlagen ausführlich zu beschreiben.

Die Art und der Umfang dieser zusätzlichen Unterlagen sind abhängig von der Komplexität der Baumaßnahme. Aus diesem Grund ist die Auflistung weder als vollständig anzusehen, noch muss sie in allen Punkten für ein einzelnes Bauvorhaben zutreffend sein.

Beispielsweise gilt für Funktions- und Strangschemata sowie für Bestandspläne nach Abschnitt 4.2.26, dass diese als Besondere Leistung ausgeschrieben werden müssen. Erst durch die ausdrückliche Erwähnung werden Besondere Leistungen zum Vertragsbestandteil.

### *0.2.26 Art, Verfahren und Umfang des Spülens von Rohrleitungen.*

Die Notwendigkeit des Spülens von Heizungs-Installationen ist nicht in jedem Fall zwingend erforderlich. Gem. DIN EN 14336 ist es verpflichtend vorgeschrieben.

Der Auftraggeber hat dem Auftragnehmer genaue und umfassende Angaben zu machen, in welcher Art und in welchem Umfang die erforderlichen Spülverfahren auszuführen sind. Insbesondere die Verfahrensweise und die entsprechenden Anschlusspunkte für Zu- und Abwasser sind hierbei genau zu definieren.

Nach Abschnitt 4.2.28 handelt es sich beim Spülen um eine Besondere Leistung.

Enthält die Leistungsbeschreibung keine Angaben zum Spülen, ist der Auftraggeber darauf hinzuweisen.

### *0.2.27 Angebot eines Instandhaltungs- bzw. Wartungsvertrages.*

Ist das Angebot eines Instandhaltungs- bzw. Wartungsvertrages gewünscht, so ist dieser in Art und Umfang detailliert zu beschrieben.

Die Wartung von Anlagen ist nicht nur für die Aufrechterhaltung der technischen Funktionsfähigkeit, sondern auch hinsichtlich der Verjährungsfrist von Mängelansprüchen von wesentlicher Bedeutung. Die Verjährungsfrist für Mängelansprüche für Teile von maschinellen und elektrotechnischen/elektronischen Anlagen, bei denen die Wartung Einfluss auf Sicherheit und Funktionsfähigkeit hat, beträgt nach § 13 Abs. 4 Nr. 2 VOB/B 2 Jahre, wenn der Auftraggeber dem Auftragnehmer die Wartung für die Dauer der Verjährungsfrist nicht übertragen hat. Andere Vereinbarungen sind möglich.

***0.2.28** Art und Umfang der dem Auftragnehmer für die Beurteilung und Ausführung der Anlage zu liefernden Planungsunterlagen und Berechnungen.*

Die Art und der Umfang der Unterlagen, die dem Auftragnehmer zur Verfügung gestellt werden müssen, richten sich nach Umfang und Komplexität der Baumaßnahme. Die Unterlagen müssen so beschaffen sein, dass es dem Auftragnehmer möglich ist, alle relevanten Leistungsteile im Vorfeld zu überblicken. Siehe hierzu auch Abschnitt 3.1.2.

***0.2.29** Möglichkeiten zur Aufnahme von Kräften hängender Bauteile und Apparate.*

Der Auftragnehmer ist darüber zu informieren, welche Besonderheiten bei der Befestigung von Bauteilen und Apparaten zu beachten sind. Sind hier besondere Vorkehrungen aus Gründen der Statik zu treffen, so sind diese dem Auftragnehmer anzugeben. Als Beispiel hierfür können Befestigungen an Trapezblechen oder Ständerwerken genannt werden.

***0.2.30** Art und Umfang von Zustandsprüfungen vorhandener Rohrleitungen und Anlagenteile.*

Sind vorhandene Leitungen und Anlagenteile auf ihren Zustand zu überprüfen, so ist der gewünschte Umfang detailliert zu beschreiben. **Beispiel: Sichtprüfung oder Druckprüfung.**

Anders als in ATV DIN 18381 fehlt ein Hinweis auf durchzuführende Druck- und Dichtheitsmessungen für neu zu verlegende Rohrleitungen. Diese Messungen sind nach DIN EN 14336 notwendig. Diesem Thema ist in der ATV DIN 18380 ein ganzes Kapitel gewidmet (s. Kapitel 3.4).

***0.2.31** Beschaffenheit des Füllwassers.*

Die Entscheidung, ob das Anlagen- bzw. Füllwasser aufbereitet wird bzw. die Festlegung auf die Art der Wasseraufbereitung, ist ein Ergebnis des Planungsprozesses. Der Auftragnehmer benötigt diese Angabe für die Plausibilitätsprüfung der bauseits gestellten Planung und die Kalkulation der aufgrund der Art der Wasseraufbereitung entstehenden Kosten.

### *0.2.32 Bauteilfertigung nach Ausführungsplan oder nach örtlichem Aufmaß.*

Wird eine Bauteilfertigung nach Ausführungsplan verlangt, so ist der entsprechende Ausführungsplan durch den Auftragnehmer zur Werkstattzeichnung fortzuschreiben (siehe 3.1.2). Soll die Bauteilfertigung nach örtlichem Aufmaß erfolgen, ist der Auftragnehmer hierüber in Kenntnis zu setzen. Besonderheiten, Anforderungen an Schall- und Brandschutz sowie Statik und Fixpunkte sind zu beschreiben.

### *0.2.33 Art, Beschaffenheit und Festigkeit des Untergrundes, z. B. Stahl, Beton, verputztes oder unverputztes Mauerwerk, Holz.*

Die Art, Beschaffenheit und Festigkeit des Untergrundes sind anzugeben, um dem Auftragnehmer die Möglichkeit zu geben, seine Auswahl des Befestigungsmaterials und der Konstruktion der Befestigung darauf abzustimmen. Bei zum Zeitpunkt der Montage noch nicht vorhandenem Putz ist beispielsweise ein ausreichender Abstand zwischen Wand und Installation vorzusehen, um nach erfolgten Putzarbeiten den geplanten Wandabstand einhalten zu können.

### *0.2.34 Anzahl, Art, Maße und Ausbildung von Abschlüssen und Anschlüssen an angrenzende Bauteile, z. B. luftdichte Anschlüsse.*

Anforderungen an die Luftdichtigkeit können sich aus der Art der Nutzung (z. B. Labor, Serverraum) oder der energetischen Qualität des Gebäudes (EnEV-Nachweis) ergeben.

Die Beschaffenheit von Abschlüssen und Anschlüssen an angrenzende Bauteile ist genau zu beschreiben. Besondere Anforderungen z. B. an die Luftdichtigkeit sowie die hierfür zu treffenden Maßnahmen sind anzugeben.

### *0.2.35 Art, Lage, Maße und Ausbildung von Bewegungs-, Bauwerks- und Bauteilfugen.*

Um die mit dem Bauwerk verbundenen Installationen vor Schäden beispielsweise durch Längenausdehnung und Setzungen der Gebäudeteile zu schützen, ist es notwendig, dem Auftragnehmer die entsprechenden Angaben zu den Fugen (z. B. Lage und Ausmaß der zu erwartenden Bewegung) zukommen zu lassen. Nur bei genauer Kenntnis der relevanten Punkte können geeignete Vorkehrungen getroffen werden, wie z. B. der Einsatz von Ausgleichsbögen oder Kompensatoren.

### ***0.2.36*** *Anzahl, Art, Lage und Maße von herzustellenden oder zu schließenden Aussparungen.*

Sind durch den Auftragnehmer Aussparungen und Durchführungen selbst herzustellen und/oder zu verschließen, so sind ihm dafür alle erforderlichen Angaben zur Verfügung zu stellen.

Hierbei ist neben der Angabe von Art, Lage und Maßen, statischem Nachweis, Art der Ausführung (z. B. bohren, fräsen) insbesondere auch die Qualität hinsichtlich des herzustellenden Brand- und Schallschutzes sowie der Luftdichtigkeit anzugeben.

Die Leistungen sind nach ATV 18330 „Maurerarbeiten" auszuführen.

### ***0.2.37*** *Anzahl, Art, Lage, Maße und Massen von Installations- und Einbauteilen.*

Alle Installations- und Einbauteile sind in ihrer geforderten Beschaffenheit genau zu beschreiben. Beispiele hierfür sind:

- Anzahl der Steigleitungen
- Bauteile in Zwischendecken oder besonderen Räumen/Bereichen
- Maße und Massen der Bauteile für Einbringung und Transport auf der Baustelle

### ***0.2.38*** *Gestaltung und Einteilung von Flächen sowie Raster- und Fugenausbildung.*

Werden aufgrund der Flächengestaltung besondere Anforderungen an die Installationen gestellt, ist eine genaue Beschreibung der Fläche erforderlich. Gleiches gilt für besondere Anforderungen resultierend aus der Raster- und Fugenausbildung.

### ***0.2.39*** *Anzahl, Art, Lage, Maße und Beschaffenheit von geneigten, gebogenen oder andersartig geformten Flächen.*

Bei geometrischen Besonderheiten von Boden-, Wand- und Deckenflächen im Baukörper, die Auswirkungen auf die Produktauswahl oder Montage haben, sind besondere Hinweise an den Auftragnehmer notwendig, damit dieser seine Leistung kalkulieren kann. Bezugspunkte sind für die Ausführung gesondert anzugeben.

Beispielhaft seien hier gebogene Fassadenelemente genannt, deren Form von den Heizflächen aufgenommen werden soll.

### *0.3 Einzelangaben bei Abweichungen von den ATV*

Werden von Kapitel 3 der ATV abweichende oder ergänzende Ausführungen gewünscht, ist deren Beschreibung im Leistungsverzeichnis erforderlich. Erfolgt keine derartige Beschreibung, wird die Ausführung gemäß den Vorgaben nach Kapitel 3 vorgesehen. Im Regelfall sind alle Anforderungen der jeweils geltenden ATV einzuhalten. Ergänzend gelten die Regelungen der ATV DIN 18299.

*0.3.1 Wenn andere als die in dieser ATV vorgesehenen Regelungen getroffen werden sollen, sind diese in der Leistungsbeschreibung eindeutig und im Einzelnen anzugeben.*

Von der ATV 18380 abweichende Regelungen sind in der Leistungsbeschreibung detailliert und einzeln anzugeben. Dem Auftragnehmer muss kenntlich und verständlich gemacht werden, welche Art der Ausführung er für die Preisfindung zu beachten hat.

*0.3.2 Abweichende Regelungen können insbesondere in Betracht kommen bei*

*Abschnitt 3.7, wenn die geforderten Unterlagen nicht in 3-facher Ausfertigung in Papierform und in deutscher Sprache geliefert werden sollen, sondern in größerer Stückzahl oder in anderer Form auszuhändigen sind, z. B. Zeichnungen unter Glas, auf Datenträger.*

Der Auftraggeber muss seine abweichenden Wünsche detailliert beschreiben, um den Auftragnehmer in die Lage zu versetzen, ein auskömmliches Angebot abzugeben. Dies wird beispielhaft für den Abschnitt 3.7 aufgeführt.

### *0.4 Einzelangaben zu Nebenleistungen und Besonderen Leistungen*

*Keine ergänzende Regelung zur ATV DIN 18299, Abschnitt 0.4.*

In der ATV 18381 werden keine ergänzenden Angaben gemacht. Hier gelten die Punkte 0.4.1 Nebenleistungen und 0.4.2 Besondere Leistungen aus der ATV 18299. Diese lauten wie folgt:

0.4.1 Nebenleistungen (ATV 18299)

Nebenleistungen (Abschnitt 4.1 aller ATV) sind in der Leistungsbeschreibung nur zu erwähnen, wenn sie ausnahmsweise selbständig vergütet werden sollen. Eine ausdrückliche Erwähnung ist geboten, wenn die Kosten der Nebenleistung von erheblicher Bedeutung für die Preisbildung sind; in diesen Fällen sind besondere Ordnungszahlen (Positionen) vorzusehen.

Dies kommt insbesondere für das Einrichten und Räumen der Baustelle in Betracht.

Alle Nebenleistungen nach Abschnitt 4.1, die abweichend von Kapitel 3 ausgeführt werden sollen, sind im Leistungsverzeichnis nach Art und Umfang zu beschreiben.

0.4.2 Besondere Leistungen (ATV 18299)

Werden Besondere Leistungen (Abschnitt 4.2 aller ATV) verlangt, ist dies in der Leistungsbeschreibung anzugeben; gegebenenfalls sind hierfür besondere Ordnungszahlen (Positionen) vorzusehen.

## *0.5 Abrechnungseinheiten*

*Im Leistungsverzeichnis sind die Abrechnungseinheiten wie folgt vorzusehen:*

Die folgenden Punkte beschreiben die üblichen Abrechnungseinheiten. Die angegebenen Abrechnungseinheiten haben sich als zweckmäßig erwiesen. Diese Abrechnungseinheiten sind im Leistungsverzeichnis für die Angabe der einzelnen Positionen zu verwenden.

***0.5.1*** *Flächenmaß ($m^2$), getrennt nach Art, Aufbau und mittlerem Verlegeabstand, für Flächenheizungen, z. B. Fußbodenheizungen.*

Die Flächenabrechnung stellt hier insofern eine Besonderheit dar, als dass letztlich nicht nur eine Einzelleistung, sondern eine Kombination verschiedener Arbeitsschritte abgerechnet wird. Die beinhalteten Unterpunkte werden üblicherweise unterschiedlich abgerechnet, durch die Kombination zu einer Position jedoch als $m^2$ aufgenommen. Es werden also zum Beispiel nicht Systemplatte ($m^2$), Rohrleitungen (m) und Tackernadeln (Stück) einzeln aufgeführt, sondern eine kombinierte Position mit der Einheit $m^2$. Dies vereinfacht die Datenaufnahme deutlich.

*__0.5.2__ Längenmaß (m), getrennt nach Art und Maßen, für*

- *Rohrleitungen,*
- *Befestigungsschienen,*
- *Spülen von Rohrleitungen.*

Für alle oben aufgeführten Leistungsteile wird die Gesamtlänge unterteilt nach der jeweiligen Art und Dimension in Metern angegeben.

ATV DIN 18381 benennt hier auch die Druckprüfung. Insofern ist die Aufzählung nicht als endgültig zu betrachten.

*__0.5.3__ Anzahl (St), getrennt nach Art und Maßen, für*

- *Rohrbögen, Formstücke und Befestigungselemente einschließlich Schweiß-, Löt- und Dichtungsstoffe in Rohrleitungen,*
- *Verbindungselemente, z. B. Manschetten, Verschraubungen, Flanschverbindungen,*
- *Wand- und Deckendurchführungen mit besonderen Anforderungen, z. B. luftdicht oder gasdicht,*
- *Einzelbefestigungen für Rohrleitungen, Tragkonstruktionen, Festpunkte,*
- *Apparate, Verteiler, Sammler,*
- *Wärmeerzeuger, Wassererwärmer, Abgasanlagen, Regelungen,*
- *Heizflächen aller Art,*
- *Abnehmen, Wiederaufstellen und Wiederanschließen schon montierter Heizflächen,*
- *Funktions-, Bezeichnungs- und Hinweisschilder,*
- *Bauteile mit besonderen Anforderungen an den Schallschutz, z. B. an die Körperschalldämmung,*
- *Bauteile für Brandschutzmaßnahmen,*
- *alle übrigen Teile, wie*
  - *Einrichtungen zur Regelung und Anzeige von Temperatur, Druck, Wasserstand und dergleichen,*
  - *Sicherheitseinrichtungen für Temperatur, Druck, Wasserstand und dergleichen,*
- *Pumpen und Armaturen.*

Der Großteil der Anlagenbauteile wie beispielsweise Fittinge, Bauteile und Apparate werden in Stück nach ihrer Anzahl angegeben. Alle Nennweiten sind einzeln aufzuführen. Hierzu können der Massenauszug und die Ergebnisse der Rohrnetzberechnung bzw. die Ausführungsplanung herangezogen werden.

***0.5.4** Masse (kg, t), getrennt nach Art und Maßen, für*

- *besondere Befestigungskonstruktionen, z. B. Tragkonstruktionen, Festpunkte,*
- *Frostschutzmittel,*
- *organische Wärmeträger.*

Besondere Befestigungskonstruktionen, beispielsweise für Tragkonstruktionen und Fixpunkte, werden nach ihrer Masse in kg oder Tonnen angegeben.

Die Ermittlung ist in Kapitel 5.2 beschrieben.

## 1 Geltungsbereich

**1.1** Die ATV DIN 18380 „Heizanlagen und zentrale Wassererwärmungsanlagen" gilt für das Herstellen von Heizanlagen mit zentraler Wärmeerzeugung sowie von zentralen Wassererwärmungsanlagen. Die ATV DIN 18380 gilt auch für das Herstellen von Wärmeverteilanlagen (Heiz- und Kühlanlagen), bei denen Wasser oder Wassergemische als Energieträger verwendet werden.

Anders als in der ATV DIN 18381 wird nicht unterschieden zwischen Arbeiten in und außerhalb von Gebäuden. Beheizte Außenflächen oder Erdleitungen zum Nachbarhaus fallen damit auch in den Geltungsbereich, insofern sie nicht durch andere ATV abgedeckt sind (zum Beispiel für die Erdarbeiten).

Wichtig ist der neu aufgenommene Hinweis auf Wärmeverteilleitungen bei wasserbasierten Kühlanlagen. Die Verrohrung zwischen Kaltwassersatz und Lufterhitzer zum Beispiel kann durch die ATV DIN 18380 geregelt werden, sofern ausschließlich Wasser oder Wassergemische transportiert werden.

Für die Installation beispielsweise der Kälteerzeugungsanlage sind die Vorgaben der ATV DIN 18379 zu berücksichtigen. Nicht angewendet werden kann die vorliegende ATV für das Verlegen von Leitungen zum Transport von Kältemitteln in flüssiger oder gasförmiger Phase.

**1.2** Ergänzend gilt die ATV DIN 18299 „Allgemeine Regelungen für Bauarbeiten jeder Art", Abschnitte 1 bis 5. Bei Widersprüchen gehen die Regelungen der ATV DIN 18380 vor.

Grundlegend sind die Regelungen der ATV DIN 18299 „Allgemeine Regelungen für Bauarbeiten jeder Art" anzuwenden. Werden in dieser ATV abweichende Angaben zur ATV DIN 18299 gemacht, so gehen die Angaben der ATV DIN 18380 vor. Grund hierfür sind die Besonderheiten des Gewerkes, die nicht in den allgemeinen Regelungen für Bauarbeiten abgebildet werden können.

## 2 Stoffe, Bauteile

Ergänzend zur ATV DIN 18299, Abschnitt 2, gilt:

### 2.1 Allgemeines

Sofern es der Verwendungszweck erfordert, müssen Stoffe und Bauteile korrosionsgeschützt sein.

Maschinelle Bauteile und Wärmeübertrager müssen mit Typ- und Leistungsschildern versehen sein. Beschilderungen an Bauteilen, z. B. Schilder, Skalen, Hinweise, müssen in deutscher Sprache und entsprechend dem „Gesetz über Einheiten im Messwesen und die Zeitbestimmung“ ausgeführt sein.

Für die gebräuchlichsten Stoffe und Bauteile sind die DIN-Normen und weitere Anforderungen nachstehend aufgeführt.

**Korrosion beschreibt einen elektrochemischen Vorgang in sog. Korrosionselementen, der von lokalen Unterschieden im Werkstoff, den Schutzschichten und den wasserchemischen Verhältnissen beeinflusst wird.** Die Kombination von Bauteilen und Rohren aus unterschiedlichen Werkstoffen kann die Korrosionswahrscheinlichkeit einzelner Komponenten innerhalb einer Installation beeinflussen. Die Auswahl und Kombination der Materialien hat daher so zu erfolgen, dass die Anforderungen hinsichtlich des Korrosionsschutzes erfüllt werden.

Angaben zur Korrosionswahrscheinlichkeit innerhalb einer Anlage findet man in VDI 2035. Hinweise zur Problematik der VDI 2035 befinden sich im Kommentar zu Abschnitt 3.1.1.

Durch Kontakt mit korrosionsfördernden Materialien wie z. B. Gips, einer Kondensation von Wasser auf Metalloberflächen (Taupunktunterschreitung) oder aber durch Reaktionen des Werkstoffes mit Wirkstoffen aus der Umgebung kann Außenkorrosion entstehen. Deshalb sind Rohrleitungen zu schützen. Dämmungen oder Umhüllungen von Rohrleitungen, Armaturen und Apparaten müssen den Anforderungen des Korrosionsschutzes genügen. Zugelassen sind beispielsweise Kunststoffummantelungen oder Polyethylen-Umhüllungen.

Laut der Europäische Maschinenrichtlinie (2006/42/EG), welche das Inverkehrbringen von Maschinen in der Europäischen Union regelt, müssen (nach Anhang 1, Abschnitt 1.7.3) auf Maschinen folgende Angaben erkennbar, deutlich lesbar und dauerhaft angebracht sein:

- Firmenname und vollständige Adresse des Herstellers und ggf. des Bevollmächtigten in der Europäischen Gemeinschaft
- Bezeichnung der Maschine

- CE-Kennzeichnung
- Baureihen- oder Typbezeichnung, ggf. Seriennummer
- wichtige technische Daten entsprechend den angewendeten Normen
- Baujahr, in dem der Herstellungsprozess abgeschlossen wurde

Außerdem findet man auf Typen- und Leistungsschildern oft zusätzlich Daten, wie Produktions- und Leistungsdaten. Mit dem Typenschild wird das Produkt oder die Maschine eindeutig identifiziert und kann einem Hersteller oder Importeur zugeordnet werden. Alle Produkte und Maschinen, die unter die Maschinenrichtlinie fallen, müssen über eine solche Kennzeichnung verfügen.

Für das Typenschild selbst gibt es keine Forderung, dass es in einer bestimmten Sprache verfasst sein muss, wohl aber für alle schriftlichen Informationen (z. B. Schilder und Skalen) und Warnhinweise auf der Anlage (z. B. Strangbezeichnungen).

Eine Anbringung selbst erstellter Typen- und Leistungsschilder durch den Auftragnehmer an einem nicht selber hergestellten Produkt ist nicht zulässig.

## 2.2 Technische Regeln

### 2.2.1 Dampfanlagen

Technische Regeln für Dampfkessel (TRD)

Das Regelwerk der Technischen Regeln für Dampfkessel (TRD) wurde nach einer Bekanntmachung des Bundesministeriums für Arbeit und Soziales (GMBl. Nr. 47/48 vom 30. 10. 2012 S. 902) zum 1. 1. 2013 außer Kraft gesetzt (gemäß § 27 Absatz 4 der Betriebssicherheitsverordnung 2009). Angedacht war, dass der Ausschuss für Betriebssicherheit (ABS) bis zu diesem Zeitpunkt ein konkretisierendes Regelwerk zur BetrSichV erarbeitet hat bzw. die Inhalte der außer Kraft getretenen technischen Regeln in andere nationale bzw. europäische Regelwerke überführt werden.

Da dies bis dato nicht erfolgt ist, hat man sich im Rahmen der Überarbeitung der VOB entschieden, die TRD erneut als Technisches Regelwerk anzugeben, auf welches bis zum Erscheinen entsprechender Normen zurückgegriffen werden kann.

Für die Planung und Erstellung von Dampfanlagen werden weiterhin die Technische Regeln für Dampfkessel (TRD) angewendet. Diese enthalten vor allem sicherheitstechnische Anforderungen an die verwendeten Werkstoffe sowie die Herstellung, Berechnung, Ausrüstung, Aufstellung und Prüfung als auch den Betrieb von Dampfkesselanlagen.

### 2.2.2 Flüssige Brennstoffe

TRGS 509, Technische Regeln für Gefahrstoffe – Lagern von flüssigen und festen Gefahrstoffen in ortsfesten Behältern sowie Füll und Entleerstellen für ortsbewewegliche Behälter[2)].

2) Autor: Ausschuss für Gefahrstoffe der BAuA Bundesanstalt für Arbeitsschutz und Arbeitsmedizin, Friedrich-Henkel-Weg 1–25, 44149 Dortmund. www.baua.de. Zu beziehen durch: Beuth Verlag GmbH, 10772 Berlin, www.beuth.de.

Bei der Nutzung flüssiger Brennstoffe ist vor allem die TRGS 509[1] zu beachten. Mit der Herausgabe der überarbeiteten TRGS 509 (Ausgabe 09/2014) hat der Ausschuss für Gefahrstoffe der Bundesanstalt für Arbeitsschutz und Arbeitsmedizin (BAuA) einen Ausgleich zu der im Januar 2013 außer Kraft gesetzten TRbF 20 „Läger“ geschaffen. Die TRGS 509 wurde dabei der TRGS 510 angeglichen. Die Anforderungen hinsichtlich der Lagerung in ortsfesten Behältern entspricht weitgehend der der alten TRbF. Die Technischen Regeln für Gefahrstoffe (TRGS) geben den Stand der Technik etc. für Tätigkeiten mit Gefahrstoffen, einschließlich deren Einstufung und Kennzeichnung, wieder.

Neben der TRGS 509 sind im Umgang mit flüssigen Brennstoffen insbesondere das Wasserhaushaltsgesetz, die Verordnung über Anlagen zum Umgang mit wassergefährdenden Stoffen (AwSV), die Technischen Regeln Ölanlagen (TRÖl) sowie die Feuerungsverordnung – FeuVO (Brennstofflagerung) heranzuziehen.

Hingegen werden für Flüssiggasanlagen die Technischen Regeln Flüssiggas (TRF) herangezogen. In der aktuellen TRF 2012 sind insbesondere die flüssiggasspezifischen Anforderungen an das Inverkehrbringen, Errichten und Betreiben von Flüssiggasanlagen umgesetzt worden. Sie fassen die geltenden Vorschriften und Normen – zum Beispiel Druckgeräterichtlinie, Technische Regeln (TRBS) und DIN-Normen – zusammen.

1 TRGS 509 (September 2014), Lagern von flüssigen und festen Gefahrstoffen in ortsfesten Behältern sowie Füll- und Entleerstellen für ortsbewegliche Behälter, GMBl 2014 S. 1346–1400 [Nr. 66–67] (v. 19. 11. 2014) zuletzt berichtigt, geändert und ergänzt: GMBl 2017, S. 229 [Nr. 12] (v. 06. 04. 2017)

### 2.2.3 Gasförmige Brennstoffe

DVFG-TRF, Technische Regeln Flüssiggas[3)]

DVGW G 600, DVGW-TRGI, Technische Regel für Gasinstallationen[3)].

3) Autor: DVGW Deutscher Verein des Gas- und Wasserfaches e. V., Technisch wissenschaftlicher Verein, Josef-Wirmer-Str. 1–3, 53123 Bonn, www.dvgw.de. Zu beziehen durch: Wirtschafts- und Verlagsgesellschaft Gas und Wasser mbH, Josef-Wirmer-Str. 3, 53123 Bonn, www.wvgw.de. Zu beziehen durch: Beuth Verlag GmbH, 10772 Berlin, www.beuth.de.

Für gasförmige Brennstoffe gelten hingegen die TRGI, die Verordnung über Allgemeine Bedingungen für den Netzanschluss und dessen Nutzung für die Gasversorgung in Niederdruck (Niederdruckanschlussverordnung – NDAV) sowie die Anschlussbedingungen der örtlichen Gasversorger. Eine Neuausgabe der Technischen Regel für Gasinstallationen (**TRGI**) wird als DVGW-Arbeitsblatt G 600 im **Herbst 2018** erscheinen. Hierin werden die Änderungen der bauaufsichtlichen Rahmenbedingungen berücksichtigt.

### 2.2.4 Fernwärme

AGFW-Richtlinien[4)]

4) Autor: AGFW – Der Energieeffizienzverband für Wärme, Kälte und KWK e. V. Stresemannallee 30, 60596 Frankfurt am Main, www.agfw.de. Zu beziehen durch AGFW-Projektgesellschaft für Rationalisierung, Information und Standardisierung, Stresemannallee 30, 60596 Frankfurt am Main, www.agfw.de.

Beim Einsatz von Fernwärme sind die Verordnung über Allgemeine Bedingungen für die Versorgung mit Fernwärme (AVBFernwärmeV) sowie die Richtlinien des AGFW heranzuziehen. Hierbei ist insbesondere die FW 601 „Unternehmen zur Errichtung, Instandsetzung und Einbindung von Rohrleitungen für Fernwärmesysteme – Anforderungen und Prüfungen“ zu benennen.

## 2.3 Bauteile

Im Vergleich zur Ausgabe 2012 wurde die Anzahl der zitierten Normen drastisch reduziert. Dies ist nicht dahingehend zu deuten, dass die gestrichenen Rohr- und Armaturenmaterialien nicht mehr zulässig sind. Die im alten Normentext beschriebenen Eigenschaften gehören nicht in den Bereich der Installation, sondern sind Planungsinhalt. Daher werden sie in die Beschreibung in der jeweiligen Artikelposition im Leistungsverzeichnis aufgenommen und sind dementsprechend in den Standardleistungsbuch-Formulierungen aufgeführt. Die Benennung von Kupferrohren nach DIN EN 1057 in 2.3.1 ist daher nur beispielhaft. Gleiches gilt für die anschließenden Abschnitte.

**2.3.1** Rohre, z. B. Kupferrohre nach DIN EN 1057 „Kupfer- und Kupferlegierungen – Nahtlose Rundrohre aus Kupfer für Wasser- und Gasleitungen für Sanitärinstallationen und Heizungsanlagen“, dürfen auch mit werkseitig aufgebrachter Wärmedämmung oder Kunststoffummantelung verwendet werden.

Die Dämmung bzw. die Ummantelung von Rohren und Armaturen muss den Vorgaben der EnEV 2012 Anhang A5 Tabelle 1 Zeilen 1–7 entsprechen. Die Verwendung von industriell vorgedämmten Leitungen wird nach diesem Abschnitt ausdrücklich erlaubt.

**2.3.2** Elektrische Messgeräte müssen der Genauigkeitsklasse E-1,5 nach DIN EN 60051-1 „Direkt wirkende anzeigende elektrische Messgeräte und ihr Zubehör – Messgeräte mit Skalenanzeige – Teil 1: Definitionen und allgemeine Anforderungen für alle Teile dieser Norm“ entsprechen.

Für elektrische Messgeräte werden durch die europäische DIN EN 60051-1 sogenannte Genauigkeitsklassen vorgegeben. Hierbei beschreibt die Klasse E-1,5 die Grenze des Grundfehlers für den Messbereichsendwert bzw. die Skalenlänge mit 1,5 %. Dies bedeutet, dass der durch das Messgerät hervorgerufene Messfehler von 1,5 % nicht überschritten werden darf.

**2.3.3** Schaltschränke müssen mindestens der Schutzart IP 43 nach DIN EN 60529 (VDE 0470-1) „Schutzarten durch Gehäuse (IP-Code)“ entsprechen.

Elektrische Betriebsmittel (z. B. Betriebsgeräte) müssen nach DIN EN 60529 (VDE 0470-1) hinsichtlich ihrer Beanspruchung durch Fremdkörper und Wasser einer bestimmten Schutzart entsprechen. Die Schutzarten (der Gehäuse) werden in IP-Codes („Ingress Protection“ bzw. „Schutz gegen Eindringen“) unterteilt.

Der IP-Code besteht aus zwei Ziffern. Die Schutzarten beziehen sich auf den Schutz gegen Berührung und das Eindringen von festen Fremdkörpern und Staub (gekennzeichnet durch die erste Kennziffer) sowie gegen schädliches Eindringen von Wasser (gekennzeichnet durch die zweite Kennziffer).

Die schwächste Schutzart ist hierbei IP00. In diesem Fall ist das elektrische Betriebsmittel weder gegen feste Fremdkörper noch gegen schädliches Eindringen von Wasser geschützt. Demhingegen bedeutet die Schutzart „IPXX", dass die Schutzart nicht definiert ist (keinem Test unterzogen). Ist die Schutzart der Komponente nicht angegeben, bedeutet dies, dass das elektrische Betriebsmittel gemäß IP20 geschützt ist.

Die einzelnen Ziffern und deren Bedeutung sind in den nachfolgenden Tabellen aufgelistet:

**Tabelle X (IP-Code 1. Ziffer): Schutz gegen Fremdkörper und Berührung**

| Ziffer | Berührung | Fremdkörper |
|---|---|---|
| 0 | Kein Berührungsschutz | kein Schutz gegen feste Fremdkörper |
| 1 | Geschützt gegen großflächige Berührungen mit der Hand | Geschützt gegen feste Fremdkörper (größer als 50 mm) |
| 2 | Geschützt gegen Berührung mit den Fingern | Geschützt gegen feste Fremdkörper (größer als 12 mm) |
| 3 | Geschützt gegen Berührung mit Werkzeugen, Drähten o. Ä. mit Ø > 2,5 mm | Geschützt gegen feste Fremdkörper (größer als 2,5 mm) |
| 4 | Geschützt gegen Berührung mit Werkzeugen, Drähten o. Ä. mit Ø > 1 mm | Geschützt gegen feste Fremdkörper (größer als 1 mm) |
| 5 | gänzlicher Berührungsschutz | Geschützt gegen Staubablagerungen im Inneren (staubgeschützt) |
| 6 | gänzlicher Berührungsschutz | Geschützt gegen Eindringen von Staub (staubdicht) |

**Tabelle Y (IP-Code 2. Ziffer): Schutz gegen Wasser**

| Ziffer | Berührung |
|---|---|
| 0 | Kein Wasserschutz |
| 1 | Schutz gegen senkrecht fallende Wassertropfen |
| 2 | Schutz gegen schräg fallende Wassertropfen aus beliebigem Winkel bis zu 15° aus der Senkrechten |
| 3 | Schutz gegen schräg fallende Wassertropfen aus beliebigem Winkel bis zu 60° aus der Senkrechten |
| 4 | Schutz gegen Spritzwasser aus allen Richtungen |
| 5 | Schutz gegen Strahlwasser aus beliebigem Winkel |
| 6 | Schutz gegen starkes Strahlwasser (Düse) aus beliebigem Winkel |
| 7 | Schutz gegen Wassereindringung bei zeitweisem Eintauchen (30 Minuten) |
| 8 | Schutz gegen Wassereindringung bei dauerhaftem Untertauchen |
| 9 | Schutz gegen Wassereindringung bei starkem Druck (Hochdruck/bzw. Dampfstrahlreinigung) aus jeder Richtung |

**2.3.4** Bei Verwendung von Bauteilen zur Anbindung an die Gebäudeautomation sind die Richtlinien der Reihe VDI 3813[1)] und VDI 3814[1)] „Gebäudeautomation (GA)" zu beachten.

1) Autor: VDI – Gesellschaft Bauen und Gebäudetechnik, VDI-Platz 1, 40468 Düsseldorf, www.vdi.de. Zu beziehen durch: Beuth Verlag GmbH, 10772 Berlin, www.beuth.de.

VDI 3813 gilt für Anwendungen der Raumautomation im Bereich der TGA. Die Richtlinie VDI 3814 gilt hingegen für Einrichtungen, Software und Dienstleistungen zur automatischen Steuerung und Regelung, Überwachung, Optimierung und Bedienung sowie für das Management zum energieeffizienten und sicheren Betrieb der Technischen Gebäudeausrüstung (TGA). Die Gebäudeautomation (GA) ist eine Voraussetzung für ein umfassendes Gebäudemanagement.

## 3 Ausführung

Ergänzend zur ATV DIN 18299, Abschnitt 3, gilt:

Das Kapitel 3 beschreibt die Pflichten des Auftragnehmers bezüglich der Ausführung der beauftragten Leistung. Im Grundsatz handelt es sich bei den im Folgenden beschriebenen Leistungen um Nebenleistungen. Bei entsprechender Erwähnung in Kapitel 4.2 handelt es sich bei einzelnen Leistungen jedoch um Besondere Leistungen.

Soll von den Regelleistungen in Kapitel 3 abgewichen werden, ist dieses gesondert im Leistungsverzeichnis zu beschreiben. Sollten im Leistungsverzeichnis keine Hinweise zur Art der Ausführung gegeben werden, sind diese Leistungen nach den Vorgaben des Kapitels 3 zu kalkulieren und auszuführen. Daher ist Kapitel 3 gemeinsam mit dem Leistungsverzeichnis zu lesen. Sind besondere Leistungen nach diesem Kapitel zu erbringen und sind diese nicht ausgeschrieben, sollte der Auftraggeber auf diesen Umstand hingewiesen werden.

Kapitel 0 wird ausdrücklich nicht Vertragsbestandteil für die Ausführung der Leistung. Diese Angaben sind aber neben der Kenntnis der vertraglichen Nebenleistungen Grundlage für das Leistungsverzeichnis. Fehlende oder fehlerhafte Angaben in Kapitel 0 können daher dazu führen, dass vor Ausführung Bedenken angemeldet werden sollten bzw. im Zuge der Ausführung Nachforderungen gestellt werden müssen.

Der Auftragnehmer muss die vertraglich vereinbarten Leistungen erbringen.

Nur wer seine Pflichten kennt, kann sich gegen unberechtigte Forderungen schützen. Eventuell notwendige Nachforderungen müssen nachvollziehbar begründet werden. Eine offene und zielorientierte Kommunikation ist der Schlüssel für die erfolgreiche Durchführung eines Bauvorhabens.

### 3.1 Allgemeines

**3.1.1** Die Bauteile von Heizanlagen und Wassererwärmungsanlagen sind so aufeinander abzustimmen, dass die geforderte Leistung erbracht, die Betriebssicherheit gegeben und ein sparsamer und wirtschaftlicher Betrieb möglich ist. Korrosionsvorgänge und Steinbildung müssen weitgehend eingeschränkt werden. Das gilt insbesondere für Wärmeerzeuger, Beheizungseinrichtungen,

**Abgasanlagen, vorgesehene Brennstoffe oder Energiearten und die Eigenschaften des Energieträgers. Einflüsse durch Temperatur, Druck, Abgase und dergleichen sind zu berücksichtigen.**

3.1.1 Dieser Absatz beschreibt auf den ersten Blick Selbstverständlichkeiten. Gerade dies beinhaltet aber eine besondere Verantwortung für den Auftragnehmer. Dieser ist (mit)verantwortlich für zum Beispiel einen sparsamen Betrieb. Das bedeutet im Umkehrschluss nicht, dass der Auftragnehmer kostenfrei einen hydraulischen Abgleich planen muss, wenn er nicht ausgeschrieben ist. Verträge nach VOB beinhalten grundsätzlich keine Planung. Die Planungsleistung wird möglicherweise im gleichen Vertrag mit beauftragt. Das bedeutet aber, dass er im Rahmen seiner Prüfpflicht darauf hinweisen muss, wenn die notwendigen Angaben für die Durchführung des hydraulischen Abgleiches fehlen. Dies gilt für alle in diesem Absatz geschilderten Punkte. Im Einzelfall ist zu klären, ob die Beachtung dieser Punkte eine planerische Leistung ist oder durch den Auftragnehmer alleine zu bewirken ist. In den meisten Fällen wird dies nur durch das Zusammenspiel von Planung und Ausführung möglich sein, wie im nächsten Absatz zu erkennen ist.

> Die **Berechnung** des hydraulischen Abgleiches ist eine eindeutige **Planungs**leistung, also nicht Bestandteil des VOB-Vertrages. Diese muss also der Planer mittels der technischen Daten, der vom Auftragnehmer in Abstimmung mit dem Auftraggeber ausgewählten Armaturen, Pumpen und Rohrleitungen durchführen. Das **Einstellen** der berechneten Einstellwerte, also die **Ausführung**, ist Aufgabe des Auftragnehmers. Näheres zur Ausführung ist in den Abschnitten 3.5.1 und 3.5.2 beschrieben. Planung und Ausführung sind also gemeinschaftlich für die Anforderungen „Abstimmung der Bauteile“ bzw. „sparsamer Betrieb“ zuständig. Die in der VOB 2012 noch enthaltenen Absätze waren vor dem Hintergrund der Trennung zwischen Planung und Ausführung missverständlich und wurden bei der Überarbeitung bewusst entfernt.

Das Fehlen von Daten für den hydraulischen Abgleich ist gleichbedeutend mit dem Nichterreichen dieser Ziele und muss seitens des Auftragnehmers zu einer Anmeldung von Bedenken im Rahmen der Prüfpflicht führen.

Steinbildung und Korrosion beeinflussen die Lebensdauer einer Anlage deutlich. Dies erfolgt zum Beispiel durch die Verwendung von ungeeigneten Materialien oder ungeeigneten Füllmedien. Schäden bis hin zum Totalausfall insbesondere von Wärmeerzeugern und Pumpen können die Folge sein. Diese werden beeinflusst durch eine ausreichend dimensionierte und funktionsfähige Druckhaltung und eine ggf. durchzuführende Wasseraufbereitung. Letztere ist abhängig von allen verwendeten, wasserberührten Materialien und der Wasserbeschaffenheit des zur Befüllung des Systems bauseits bereitgestellten Wasser. Das Liefern des Füllmediums ist nach Abschnitt 4.2.17 ebenso wie das Zuliefern einer Wasseranalyse nach 4.2.22 eine Besondere Leistung und ist damit Aufgabe des Ausführenden, wenn dies ausgeschrieben wurde. Die Entscheidung, ob und ggf. wie eine Wasseraufbereitung erfolgen soll, ist eine planerische Aufgabe. Einschlägiges Regelwerk ist die Richtlinienreihe VDI 2035, die aber zum jetzigen Zeitpunkt nicht durchgängig von den Komponentenherstellern umgesetzt wird, und die von der Praktikabilität als problematisch einzustufen ist. Anfang 2018 wird die Überarbeitung der VDI 2035 als Gründruck erwartet. Nach dem jetzigen, internen Diskussionsstand ist damit zu rechnen, dass die Überarbeitung praxistauglich sein wird. Eine Anerkennung durch die Hersteller erscheint wahrscheinlich.

**3.1.2** Der Auftragnehmer hat dem Auftraggeber vor Beginn der Montagearbeiten alle Angaben zu machen, die für den ungehinderten Einbau und ordnungsgemäßen Betrieb der Anlage notwendig sind.

Der Auftragnehmer hat nach den Planungsunterlagen und Berechnungen des Auftraggebers die für die Ausführung erforderliche Montage- und Werkstattplanung zu erbringen und, soweit erforderlich, mit dem Auftraggeber abzustimmen.

Dazu gehören insbesondere:

- Montagepläne,
- Werkstattzeichnungen,
- Stromlaufpläne,
- Fundamentpläne.

Der Auftragnehmer hat dem Auftraggeber rechtzeitig die Angaben über die

- Massen der Einbauteile,
- Stromaufnahme und gegebenenfalls den Anlaufstrom der elektrischen Bauteile und,
- sonstigen Erfordernisse für den Einbau

zu machen.

Zu den für die Ausführung nötigen, vom Auftraggeber zu übergebenden Unterlagen (siehe § 3 Abs. 1 VOB/B) gehören insbesondere:

- Ausführungspläne als Grundrisse, Funktions- und Strangschemata sowie Schnitte mit Dimensionsangaben,
- Anlagenkonzeption mit Regelschemata,

- Schlitz- und Durchbruchpläne,
- Berechnungen für Heiz- und Kühllast mit jeweils zugehörigen Rohrnetz- und Pumpenauslegungen, der energetische Nachweis und die wesentlichen energiebezogenen Merkmale, die der Anlagenaufwandszahl zugrunde liegen,
- Leistungsdaten für Wärmeerzeuger und Wärmeübertrager,
- Angaben zum Schall-, Wärme- und Brandschutz.

3.1.2 beschreibt den notwendigen Informationsaustausch zwischen Auftragnehmer und Auftraggeber vor und während der Ausführung mit Ausnahme der Prüfpflichten, die in Abschnitt 3.1.3 definiert sind.

Der **Auftraggeber** muss vor Beginn der Montage alle notwendigen Angaben machen, damit der Auftragnehmer seinen Verpflichtungen nachkommen kann. Dazu gehören zum Beispiel die Mitteilungen, wann mit Baufreiheit zu rechnen ist oder notwendige Vorarbeiten anderer Gewerke abgeschlossen sind. Dazu gehört aber insbesondere auch die Übermittlung aller notwendigen Pläne und Berechnungen, also auch zum Beispiel der Ausführungspläne.

> **Ausführungspläne** sollen den Auftragnehmer in die Lage versetzen, seinen Verpflichtungen nachzukommen. Diese Pläne müssen auf dem aktuellen Stand und vollständig sein.

Aufgabe des **Auftragnehmers** ist es, Montagepläne und Werkstattzeichnungen, wenn sie für die Ausführung notwendig sind, zu erstellen und abzustimmen. Zu dieser Abstimmung gehören auch Stromlaufpläne und Fundamentpläne, ebenso Massen oder Stromaufnahme von Bauteilen. Dies ermöglicht dem Auftraggeber, die Arbeiten mit dritten Gewerken zu koordinieren und die anstehenden Tätigkeiten des Auftragnehmers zu überprüfen

> **Montagepläne** sollen den Auftragnehmer in die Lage versetzen, die Montageleistung ordnungsgemäß durchzuführen. Für die Montagepläne werden die Ausführungspläne um die zur Montage erforderlichen Angaben ergänzt. Das kann in einfachen Fällen eine Übernahme der Ausführungspläne bedeuten. Je nach Schwierigkeitsgrad kann eine Weiterführung der Ausführungspläne bei zum Beispiel abweichender Leitungsführung, eine Kennzeichnung der Befestigungspunkte oder im Einzelfall auch eine Ansicht o. Ä. notwendig sein.
>
> Bei **Werkstattzeichnungen** geht es um vom Auftraggeber selbst gefertigte Bauteile. Dies ist im Bereich Heizung eher selten.
>
> Die Mitwirkung bei der Erstellung von **Stromlaufplänen** ist vor allem für die Zusammenarbeit mit anderen Gewerken notwendig. In den meisten Fällen

dürften Klemmenpläne ausreichen, die ggf. direkt aus den Herstellerunterlagen übernommen werden können. Gleiches gilt bei einfachen Regelungen und Verdrahtungen, wie sie zum Beispiel bei Kompaktgeräten im Wärmeerzeuger werksseitig eingebaut sind. Außerdem sind bei Bedarf zu benennen: Art der Stromversorgung, Spannung, Anlaufstrom, Stromaufnahme im Regelbetrieb, Ort und Dimensionierung der Anschlussklemmen, Anzahl und Beschaffenheit der Datenpunkte einschl. Lage.

**Fundamentpläne** werden benötigt für Fundamentsockel, die aber nicht mehr in allen Bauvorhaben Verwendung finden. Die bautechnische Ausführung und die entsprechende Planung sind nicht Bestandteil der Leistung des Auftragnehmers. Hier muss der Auftragnehmer im Rahmen seiner Abstimmung zum Beispiel Maße, Masse, Lasteinleitpunkte und Anforderungen an den Schall- und Schwingungsschutz liefern.

Bei Fragen zu Definition und Umfang der jeweiligen Pläne kann die Richtlinienreihe VDI 6026 herangezogen werden.

Es ist nicht Aufgabe des Auftragnehmers, veraltete Planungsstände zu aktualisieren oder Fundamentpläne zu liefern. Die Fortschreibung der Planung ist keine Leistung des Auftragnehmers nach dieser ATV. Die Erstellung von Revisionsplänen ist keine Nebenleistung.

Die vom Auftraggeber zu liefernden Unterlagen sind dem Auftragnehmer nach VOB/B § 3 unentgeltlich zu überlassen.

Klar geregelt ist, dass zum Beispiel die Heizlast und die Auslegung des Rohrnetzes und der Pumpen (also Daten für den hydraulischen Abgleich) vom Auftraggeber zu liefern sind. Die teilweise anzutreffende Praxis, dass der Auftragnehmer allenfalls rudimentäre Planungsunterlagen erhält, die er in Eigenleistung komplettieren soll, ist nach VOB ohne weitergehende Beauftragung an den Auftragnehmer nicht vorgesehen. Hinweise zum Schallschutz werden in Abschnitt 3.2.11 gegeben.

**3.1.3** Der Auftragnehmer hat bei der Prüfung der vom Auftraggeber gelieferten Planungsunterlagen und Berechnungen (siehe § 3 Abs. 3 VOB/B) u. a. hinsichtlich der Beschaffenheit und Funktion der Anlage insbesondere zu achten auf:

- die Heizlast,
- die Wärmeleistung der Wärmeerzeuger und Heizflächen,
- die Querschnitte und Ausführungen der Abgasleitungen,

- die Sicherheitseinrichtungen,
- die Rohrleitungsquerschnitte, Pumpenauslegungen und Netzhydraulik,
- die Mess-, Steuer- und Regeleinrichtungen,
- den Schallschutz,
- den Wärmeschutz,
- den Brandschutz,
- die Luftdichtheit der Gebäudehülle.

3.1.3 beschreibt die Prüfpflicht des Auftragnehmers. Dabei wird Bezug genommen auf § 3 Abs. 3 VOB/B. Dort wiederum wird konkretisiert, dass es Aufgabe des Auftragnehmers ist, die Unterlagen auf etwaige Unstimmigkeiten zu überprüfen und den Auftraggeber auf entdeckte oder vermutete Mängel hinzuweisen. Damit ist klar, dass es **nicht** Aufgabe des Auftragnehmers ist, die Planung komplett nachzurechnen. Es geht dabei eher um eine Plausibilitätskontrolle. Dies könnte wie folgt aussehen:

- Für die Dimensionierung der Heizflächen und die Einstellungen der Ventile empfiehlt die ZVSHK/VdZ-Fachregel „Optimierung von Heizungsanlagen im Bestand" für Wohngebäude stichprobenhaft die Überprüfung auf Übereinstimmung der Heizleistung bei geplanter Vorlauftemperatur mit den Schätzwerten in Anlehnung an die DIN EN 15378 und die Übereinstimmung der Ventileinstellwerte mit der so ermittelten Leistung bei der gegebenen Spreizung. Dies ist auch im Neubau möglich.
- Die geplante Aufstellung eines BHKW ohne Schallschutzmaßnahmen neben einem schutzbedürftigen Raum sollte ebenfalls zur Mitteilung eines vermuteten Mangels an den Auftraggeber führen. Die Behebung des Problems ist hier zuallererst eine planerische Leistung.

Im Einzelfall wird es sicherlich strittig sein, welche Mängel der Auftragnehmer erkennen kann. Die Verwendung eines fehlerhaften u-Wertes, die nur zu einem geringen Fehler bei der Heizlastermittlung führt, kann der Auftragnehmer nicht entdecken, obwohl dies zum Beispiel für die Jahresarbeitszahl oder den Heizstabeinsatz einer Wärmepumpe erhebliche Folgen haben kann.

Wenn im Neubau eines Wohngebäudes statt der berechneten Heizlast von 20 W/m$^2$ korrekterweise 30 W/m$^2$ angesetzt worden sein müssten, ist dies im Rahmen einer Plausibilitätskontrolle nicht erkennbar. Eine planerisch ermittelte Heizlast von 100 W/m$^2$ statt 30 W/m$^2$ aus dem eben erwähnten Beispiel wäre jedoch auffällig, weil es sich bei dem in diesem Fall zu hoch angesetzten Wert um eine Größenordnung handelt, die für den Neubau unüblich ist.

Zu beachten ist, dass nicht erkennbare Fehler ebenfalls nicht zu erkennbaren Folgefehlern führen können. Die fehlerhaft deutlich unterschrittene Heizlast aus dem ersten Beispiel führt zu entsprechend reduzierten Volumenströmen, die sich in ebenfalls fehlerhaften Einstellwerten an den Ventilen manifestieren. Letztere Fehleinstellungen sind dann im Rahmen einer Plausibilitätskontrolle nicht zu erkennen. Die geforderte Überprüfung der Planungsunterlagen ersetzt also keinesfalls eine Planung. Sie soll nur verhindern, dass ohne Nachzudenken ausgeführt wird.

Grundsätzlich sollten alle Bedenken unverzüglich und schriftlich angemeldet und dokumentiert werden. Die Beantwortung der Bedenken sollte ebenfalls schriftlich erfolgen. Dies gilt umso mehr, als dass es dem Auftraggeber natürlich freigestellt ist, trotz des erkannten Mangels in der Planung weiterhin wie vorgesehen ausführen zu lassen und entsprechend mögliche Folgeschäden zu riskieren. Die schriftliche Dokumentation dieses Vorgangs kann die Haftungsrisiken für das ausführende Unternehmen deutlich reduzieren.

Ebenfalls beachtet werden sollte, dass der reine Hinweis auf Mängel nicht von eventuell zivilrechtlichen Folgen durch Schäden Dritter oder Nichtbeachtung gesetzlicher Anforderungen befreit. Wenn der Auftragnehmer zum Beispiel sicherheitsrelevante Mängel erkennt, die zu Personenschäden führen können, und der Auftraggeber möchte dies trotzdem durchgeführt haben, hat der Auftragnehmer das Recht, die Ausführung zu verweigern. Auch hier ist eine Dokumentation dringend angeraten.

Die Liste an zu überprüfenden Punkten ist lang, aber keinesfalls abschließend. Gleichzeitig sind die Ziele aus Abschnitt 3.1.1 zu beachten. Wenn aus der Planung erkennbar ist, dass diese Ziele nicht erreichbar sind, sollte dies ebenfalls zur Anmeldung von Bedenken führen.

Das Anmelden von Bedenken ist keine Schikane. Es ist die Chance für den Auftraggeber, Mängel und Schäden frühzeitig und damit kostengünstig zu vermeiden. Die Schriftform ist die Chance für den Auftragnehmer, bei eventuellen späteren Streitigkeiten nachzuweisen, dass er seinen Pflichten nachgekommen ist.

Allgemein wird das Thema Luftdichtheit der Gebäudehülle, auf das im VOB-Text ausdrücklich referenziert wird, nur auf das jeweils eigene Gewerk bezogen verstanden. Die Luftdichtheit der Gebäudehülle ist zum Beispiel bei der Durchdringung mit einer Abgasleitung zu beachten.

Grundsätzlich gilt: Bei für den Auftragnehmer erkennbaren Mängeln in der Planung oder bei der Vorleistung anderer Gewerke, die Auswirkungen auf das eigene Gewerk haben, müssen Bedenken angemeldet werden.

Bezüglich des Themas Schallschutz vergleiche die Anmerkungen zu 3.2.11.

In der DIN ATV 18381 wurde ein Hinweis aufgenommen, dass auch der Verbrennungsluftverbund zu beachten ist. Dies ist vor dem Hintergrund der TRGI in der DIN ATV 18381 richtig verortet. Vor dem Hintergrund zum Beispiel einer Ölheizung gilt der Hinweis in der DIN ATV 18380 analog.

**3.1.4** Als Bedenken nach § 4 Abs. 3 VOB/B können insbesondere in Betracht kommen:

- Unstimmigkeiten in den vom Auftraggeber gelieferten Planungsunterlagen und Berechnungen (siehe § 3 Abs. 3 VOB/B),
- erkennbar mangelhafte Ausführung, nicht rechtzeitige Fertigstellung oder das Fehlen von Fundamenten, Schlitzen und Durchbrüchen,
- ungenügende Maßnahmen für den Schall-, Wärme- und Brandschutz,
- ungeeignete Bauart der Abgasanlagen und ungeeigneter Querschnitt der Abgasleitungen sowie der luftführenden und Installationsschächte,
- unzureichende Anschlussleistung für Energieträger,
- nicht ausreichender Platz für die Bauteile bzw. für deren Transport zum Einbauort,
- unzureichende Voraussetzungen für die Aufnahme von Reaktionskräften,
- fehlende Bezugspunkte,
- ungeeignete Bedingungen, die sich aus der Witterung oder dem Raumklima ergeben (siehe Abschnitt 3.1.5),
- dem Auftragnehmer bekannt gewordene Änderungen von Voraussetzungen, die der Planung zugrunde gelegen haben.

3.1.4 erweitert und konkretisiert das vorangegangene Kapitel. Bei den beispielhaft aufgeführten Punkten, die zur Anmeldung von Bedenken führen können, handelt es sich in der Praxis um regelmäßige Fehlerquellen. Hierbei wird der Bogen von der reinen Planung bis zur tatsächlichen Ausführung gespannt. Ausdrücklich einbezogen sind Vorarbeiten anderer Gewerke. Sind diese mangelhaft (das kann im Einzelfall schon durch eine bloße Planabweichung gegeben sein), müssen Bedenken angemeldet werden. Analog müssen Behinderungen, die zum Beispiel durch zeitlichen Verzug im Bauablauf entstehen können, angezeigt werden. Näheres hierzu ist in § 6 VOB/B geregelt.

Im Prinzip müssen Bedenken immer dann angemeldet werden, wenn die eigene Leistung nicht rechtzeitig, mangelfrei oder kostenneutral wie ausgeschrieben ausgeführt werden kann. Gleiches gilt, wenn die Ziele, die in Abschnitt 3.1.1 definiert sind, nicht erreicht werden können.

**3.1.5** Bei ungeeigneten Bedingungen, die sich aus der Witterung oder dem Raumklima ergeben, z. B. Temperaturen unter 5 °C bei Verlegearbeiten von Kunststoffverbundrohren in Rollenform, sind in Abstimmung mit dem Auftraggeber besondere Maßnahmen zu ergreifen. Sollten hierfür Leistungen erforderlich werden, sind dies Besondere Leistungen (siehe Abschnitt 4.2.33).

3.1.5 gibt Hinweise für klimatische Randbedingungen. Während metallische Werkstoffe eher keinen Restriktionen unterliegen, sind bei Kunststoffrohren, die hier beispielhaft genannt wurden, Verlegetemperaturen einzuhalten. Für den Fall der Nichteinhaltung, zum Beispiel bei unbeheizten Baustellen im Winterbetrieb, sind notwendige Maßnahmen wie eine Baustellenbeheizung Besondere Leistungen. Diese sind vom Auftraggeber auszuschreiben und mit ihm abzustimmen.

Es handelt sich bei diesem Abschnitt um eine Standardformulierung, die parallel für alle drei Gewerke – Heizung, Sanitär, Lüftung – in ähnlicher Form Verwendung findet. Die ungeeigneten Bedingungen werden nicht nur durch die Temperatur bestimmt. Wichtig ist, dass die im Rahmen der Ausschreibung genannten, ungeeigneten Bedingungen möglichst konkret beschrieben werden sollten, um den Auftragnehmer in die Lage zu versetzen, die notwendigen Besonderen Leistungen bewerten zu können.

**3.1.6** Bleibt die Leitungsführung dem Auftragnehmer überlassen, hat dieser einen Ausführungsplan zu erstellen und mit dem Auftraggeber vor Ausführung abzustimmen, damit die erforderlichen Fundament-, Schlitz-, Durchbruch- und Montagepläne erstellt werden können. Diese Leistungen sind Besondere Leistungen (siehe Abschnitt 4.2.1).

3.1.6 beschreibt den Fall, dass ein Teil der Planungsleistung – die Erstellung eines Ausführungsplans – ausnahmsweise dem Auftragnehmer überlassen wird.

In diesem Fall schützt die Klarstellung in diesem Absatz den Auftragnehmer vor unberechtigten Forderungen. Gleichzeitig wird auf die rechtzeitige Abstimmung mit dem Auftraggeber hingewiesen, damit die erforderlichen Fundament-, Schlitz-, Durchbruch- und Montagepläne erstellt werden können. Der Auftragnehmer übernimmt mit dieser Planungsleistung auch eine zeitliche Verantwortung, damit weitere Planungsleistungen rechtzeitig erstellt werden können. Die Ausführungsplanung ist auf jeden Fall eine Besondere Leistung gem. Abschnitt 4.2.1.

**3.1.7 Bei Veränderungen, die vorhandene elektrische Schutzmaßnahmen an bestehenden Anlagen beeinträchtigen könnten, z. B. Einbau von Isolierstücken, hat der Auftragnehmer den Auftraggeber darauf hinzuweisen, dass durch einen zugelassenen Elektroinstallateur geprüft werden muss, ob durch die vorgesehenen Arbeiten die Schutzmaßnahmen beeinträchtigt werden.**

3.1.7 beschreibt einen für die Sanierung typischen Fall. Durch den Einbau von nichtleitenden Materialien in einem Bestandsnetz aus zum Beispiel Kupfer oder Stahl wird der Potenzialausgleich unterbrochen. Damit besteht die Gefahr, dass sich in einem Schadensfall zwischen dem abgetrennten Rohrstück und zum Beispiel dem Gebäude oder anderen metallischen Rohrleitungen ein elektrisches Potenzial aufbaut. Dies kann zum Beispiel durch einen Schaden in einem elektrischen Gerät erfolgen. Während bei einem intakten Potenzialausgleich eventuelle elektrische Ströme sofort abfließen können und ggf. zum Auslösen der elektrischen Sicherung führen würden, kann bei unterbrochener Rohrleitung der Strom erst dann fließen, wenn das betroffene Rohrstück leitend mit dem Erdpotenzial verbunden wird. Bei einer fehlenden elektrisch leitenden Verbindung erfolgt dies zum Beispiel durch Berührung eines Menschen. Der Strom fließt dann über dessen Körper ab. Denkbar ist auch Funkenbildung bei Berührung mit anderen elektrischen Werkstoffen.

Die Meldung dieser Veränderung an den Schutzmaßnahmen durch den Auftragnehmer soll den Auftraggeber in die Lage versetzen, dieses Gefahrenpotenzial im Rahmen der Planungen und Ausführungen im Bereich Elektrotechnik zu verhindern.

**3.1.8 Der Auftragnehmer hat die für die Ausführung erforderlichen Genehmigungen und anlagenspezifischen, technischen Abnahmen zu veranlassen.**

3.1.8 wurde neu aufgenommen. Es handelt sich um eine Klarstellung, dass die beschriebenen Genehmigungen und Abnahmen vom Auftragnehmer zu veranlassen sind. Das Veranlassen schließt die Meldung an den Bauherren ein, dass derartige Abnahmen zum einem bestimmten Zeitpunkt erfolgen können. Ebenso sind die erforderlichen Unterlagen der verbauten Komponenten, die in der Regel vom Komponentenhersteller beigestellt werden, vorzuhalten. Diese Veranlassung ist eine Nebenleistung. Die eigentliche Abnahme durch zum Beispiel einen Sachverständigen oder eine Behörde ist als Besondere Leistung zu werten und entsprechend zu vergüten. Näheres ist in 4.2.23 geregelt.

**3.1.9** Stemm-, Fräs- und Bohrarbeiten am Bauwerk dürfen nur in Abstimmung mit dem Auftraggeber ausgeführt werden.

3.1.9 (vorher 3.1.8) verbietet die Ausführung von Stemm-, Fräs- und Bohrarbeiten vor einer Abstimmung mit dem Auftraggeber. Dies versetzt den Auftraggeber in die Lage, die statischen Nachweise vor Durchführung der Stemm-, Fräs- und Bohrarbeiten am Bauwerk zu erbringen. Der Hauptausschuss Hochbau unterstützt die Auffassung, dass der Nachweis Aufgabe des Auftraggebers ist. Um diesen zu ermöglichen, ist eine Absprache mit dem Auftraggeber und die Freigabe der Leistungsausführung vor Ausführungsbeginn notwendig.

Der Abschnitt 3.1.9 aus VOB 2012 wurde ersatzlos gestrichen. Er beschrieb das Verbot von Stoffen, „die zerstörend auf Anlagenbauteile wirken können“. Gemeint waren zum Beispiel Gips oder chloridhaltige Schnellbinder in direkter Verbindung mit Metall. Der Arbeitsausschuss sah dieses Verbot durch andere Regelwerke bzw. gesetzliche Vorgaben abgedeckt. Dieser Textabschnitt war in der Vergangenheit aufgrund tatsächlich aufgetretener Mängel in die VOB aufgenommen worden. Eine separate Erwähnung ist jedoch nicht erforderlich, da diese Ausführung nicht den Regeln der Technik entspricht und daher nicht vorgesehen werden darf.

**3.1.10** Müssen auftretende Reaktionskräfte in das Bauwerk abgeleitet werden, sind die Kräfte vom Auftragnehmer zu ermitteln und dem Auftraggeber vor Ausführung der Leistung bekannt zu geben.

Der aktuelle Abschnitt 3.1.10 sorgt wieder für eine Klarstellung. Reaktionskräfte in ein Bauwerk – also zum Beispiel Kräfte, die sich aus der temperaturbedingten Längenänderung von warm- oder kaltgehenden Rohrleitungen ergeben – müssen Bestandteil der Planung sein und vom Auftragnehmer für die tatsächliche Installation ermittelt werden. Der statische Nachweis für die ggf. aufnehmende Wand oder Decke in diesem Beispiel erfolgt durch den Auftraggeber. Um diesem die Möglichkeit zu geben, den entsprechenden statischen Nachweis zu führen, muss die Bekanntgabe vor Ausführung erfolgen.

Der alte Abschnitt 3.1.10 wurde verändert. Er beschrieb die Aufnahme von Reaktionskräften bei Rohrleitungen durch Festpunkte bzw. die bauartbedingte axiale Führung. Der Arbeitsausschuss sah diese Anforderung durch andere Regelwerke bzw. gesetzliche Vorgaben abgedeckt.

## 3.2 Anforderungen

### 3.2.1 Allgemeines

Für die Ausführung gelten die im Abschnitt 2 aufgeführten Technischen Regeln sowie insbesondere:

| | |
|---|---|
| DIN 4703-3 | Raumheizkörper – Teil 3: Umrechnung der Norm-Wärmeleistung |
| DIN 4755 | Ölfeuerungsanlagen – Technische Regel Ölfeuerungsinstallation (TRÖ) – Prüfung |
| DIN EN 12977-1 | Thermische Solaranlagen und ihre Bauteile – Kundenspezifisch gefertigte Anlagen – Teil 1: Allgemeine Anforderungen an Solaranlagen zur Trinkwassererwärmung und solare Kombianlagen |
| DIN EN 14336 | Heizungsanlagen in Gebäuden – Installation und Abnahme der Warmwasser-Heizungsanlagen |

Bei der Ausführung multivalenter Anlagen ist besonders auf die gegenseitige Abstimmung der Heiz- und Regeleinrichtungen zu achten.

In Abschnitt 3.2 wurden augenfällige Veränderungen durch Weglassung im Vergleich zur alten Ausgabe vorgenommen. Die Anzahl der zitierten Normen wurde deutlich reduziert. Die bisherigen Unterpunkte 3.2.2 Wärmeerzeuger und 3.2.3 Wassererwärmer wurden ersatzlos gestrichen.

Hintergrund ist eine Straffung des Textes. Es werden nur noch Normen aufgeführt, die einen Bezug zur Ausführung haben. Planungsnormen werden im Rahmen der Ausführung nicht benötigt. Produktnormen könnten im Rahmen der Produktauswahl sinnvoll sein, werden aber im Rahmen der Ausschreibungstexte vorgegeben und sind damit im Rahmen der ATV DIN 18380 entbehrlich.

Entsprechend kurz gestaltet sich Abschnitt 3.2.1. Zu den entfernten Normen gehören alle Normen für die Energieausweise, die VDI 2035 und die DIN EN 12831.

- Die Erstellung eines Energieausweises ist eindeutig Aufgabe der Planung.
- Die VDI 2035 behandelt die Beschaffenheit des Füll- und Ergänzungswassers. Begründung seitens des Arbeitsausschusses zur Überarbeitung der

ATV DIN 18380 war, dass die Nennung der VDI 2035 als Wettbewerbseinschränkung aufgefasst werden könnte, weil Komponentenhersteller auch mit anderen Anforderungen die Steinbildung verhindern könnten. Schutz vor Steinbildung und Korrosion werden in 3.1.1 gefordert. Damit wäre dieses Richtlinienzitat entbehrlich. Da ein Heizungssystem Produkte unterschiedlichster Hersteller vereint, ist dies vor dem Hintergrund der Bewirtschaftung einer Immobilie eine technisch problematische Aussage. Ohne Festlegung auf einen Standard, der gleichermaßen für alle verwendeten Produkte und unabhängig vom einzelnen Bauvorhaben gilt, ist es in der Praxis unmöglich, alle produktspezifischen Randbedingungen zur Vermeidung von Korrosion und Steinbildung innerhalb eines Bauvorhabens zu überblicken. Zum Zeitpunkt der Überarbeitung der ATV DIN 18380 hatte die VDI 2035 allerdings seitens der Hersteller nicht die notwendige Akzeptanz. Mangelhafte Praxistauglichkeit führte zur Verweigerung der Anerkennung von VDI 2035 als Regel der Technik beim Handwerk. Mit der aktuellen Überarbeitung der VDI 2035 und nach dem derzeitigen Arbeitsstand ist damit zu rechnen, dass die VDI 2035 von allen Beteiligten akzeptiert und genutzt wird. Damit wäre die VDI 2035 ein geeigneter Standard, der allerdings in den Vertragsbedingungen vorsorglich genannt werden sollte. Zur Aufteilung der VDI 2035 in Planung und Ausführung vergleiche 3.1.1.

- Die Streichung der DIN EN 12831 ist im oben geschilderten Kontext eine indirekte Klarstellung, dass die Ermittlung der Heizlast eine Planungsleistung darstellt.

Die Nennung der DIN 4703-3 (Umrechnung der Norm-Wärmeleistung) sollte nicht dahingehend missverstanden werden, dass die Auslegung von Heizflächen der Ausführung zuzuordnen ist. Dies ist, trotz Produktwahl durch den Auftragnehmer, Aufgabe der Planung.

- Gemäß HOAI ist die zunächst produktneutrale Ausführungsplanung nach erfolgter Vergabe auf den Stand der Ausschreibungsergebnisse fortzuschreiben. Damit ist dies eine planerische Leistung und gilt somit auch für den hydraulischen Abgleich.
- Hinweis: Sollte die Erstellung der Ausführungsplanung mit den entsprechenden Produkten ausnahmsweise als Besondere Leistung dem Auftragnehmer überlassen werden, ist das Thema Datenaustausch zu beachten. Der Datenaustausch zwischen unterschiedlichen Berechnungsprogrammen zwischen Planung und Ausführung ist nur eingeschränkt möglich. Eine Nachberechnung mit konkreten Produkten würde eine komplette Neueingabe der Berechnung bedeuten. Die Neueingabe der Berechnung hätte wieder Folgen für den hydraulischen Abgleich, der aufgrund fehlender Austauschstandards ebenfalls neu berechnet werden müsste. Dies ist eine unzumutbare Härte für den Auf-

tragnehmer im Rahmen einer Nebenleistung und muss daher, wenn es seitens des Auftraggebers gewünscht wird, als Besondere Leistung ausgeschrieben werden. Da die Auslegung der Heizflächen und des hydraulischen Abgleiches Folgen für die Effizienz der Heizungsanlage hat, ist der Auftraggeber im Übrigen gut beraten, diese Kerntätigkeiten planerischer Leistung nicht auf den Auftragnehmer abzuwälzen, selbst wenn zwischen Planung und Ausführung ein Datenaustausch möglich wäre.

Die DIN 4703-3 wird daher lediglich für die Plausibilitätsprüfung benötigt.

Neu aufgenommen wurde die DIN EN 14336 (Heizungsanlagen in Gebäuden – Installation und Abnahme der Warmwasser-Heizungsanlagen). Sie beschreibt grundlegende Anforderungen an die Installation und gibt Hinweise für Druckprüfung, Spülung, Funktionsprüfung und Inbetriebnahme. Grund für die Aufnahme war der Wunsch, die Vorgaben zur Druckprüfung auf den aktuellen Stand zu bringen. Siehe hierzu auch 3.4.2.

Zu beachten ist, dass die Norm im Wesentlichen aus informativen und nicht aus normativen Inhalten besteht. Gemäß dem nationalen Vorwort können neben den beschriebenen Verfahrensweisen auch andere übliche Prozeduren Anwendung finden. Diese Norm ist in Deutschland deswegen noch nicht vollumfänglich bekannt.

| Die Kenntnis der DIN EN 14336 als zentrale Norm ist dringend empfehlenswert. |
|---|

Die DIN EN 14336 beschreibt u. a. auch die Berechnung, Durchführung bzw. messtechnische Ermittlung des hydraulischen Abgleiches. Der Zweck dieser Norm ist nicht die Aufgabenteilung im Sinne der VOB. Sie beschreibt auch planerische Aspekte. Die Berechnung des hydraulischen Abgleiches ist im Sinne der VOB eine planerische Leistung. Die messtechnische Ermittlung bzw. der messtechnische Nachweis sind Besondere Leistungen.

Die Aufzählung an Normen ist nicht abschließend.

### 3.2.2 Sicherheitseinrichtungen

| DIN 4754 (alle Teile) | Wärmeübertragungsanlagen mit organischen Wärmeträgern |
|---|---|

Auch in 3.2.2 erfolgte eine Reduzierung der Normzitate auf den Bereich „Ausführung“. Damit entfiel auch der Verweis auf die DIN EN 12828 (Planung von Heizungsanlagen).

### 3.2.3 Anlagen zur Energieversorgung

TRwS 791-1 Technische Regel wassergefährdender Stoffe (TRwS) – Heizölverbraucheranlagen – Teil 1: Errichtung, betriebliche Anforderungen und Stilllegung von Heizölverbraucheranlagen[5)]

Technische Anschlussbedingungen der örtlichen Versorgungsunternehmen.

5) Autor: DWA Deutsche Vereinigung für Wasserwirtschaft, Abwasser und Abfall e. V., Theodor-Heuss-Allee 17, 53773 Hennef, www.dwa.de. Zu beziehen durch: Beuth Verlag GmbH, 10772 Berlin, www.beuth.de.

Die Verweise auf die DIN 4747-1 und auf AGFW-Richtlinien wurden gestrichen, weil sie in den Technischen Anschlussbedingungen der Versorgungsunternehmen ohnehin gefordert werden und somit einzuhalten sind.

### 3.2.4 Abgasanlagen

DIN V 18160-1 Abgasanlagen – Teil 1: Planung und Ausführung

Der Abschnitt wurde auf das erforderliche Maß gekürzt. Die Aufnahme der DIN 18160-1 bezieht sich auf deren Inhalt für den Bereich Ausführung.

### 3.2.5 Rohrleitungen

Die Rohre sind so zu verlegen, dass sie sich ohne Schäden zu verursachen ausdehnen können. Neben- und übereinander laufende und sich kreuzende Rohre dürfen sich auch bei Ausdehnung nicht berühren.

Die Rohrleitungen sind ferner so zu verlegen, dass Bedienungstüren, Kontrollklappen und dergleichen frei zugänglich und zu betätigen sind.

Lösbare Verbindungen, deren Dichtheit nicht dauerhaft sichergestellt ist, müssen zugänglich sein.

Bei Leitungsdurchführungen durch Decken und Wände sind die Belange des Schall-, Wärme-, Feuchte- und Brandschutzes sowie der Luftdichtheit zu berücksichtigen. Erforderliche Leistungen sind Besondere Leistungen (siehe Abschnitt 4.2.10).

Erdverlegte Rohrleitungen sind in Anlehnung an DIN EN 1610 „Verlegung und Prüfung von Abwasserleitungen und -kanälen“ zu verlegen.

Leitungsdurchführungen durch Decken und Wände unterliegen nicht notwendigerweise Anforderungen an den Schall-, Wärme-, Feuchte- oder Brandschutz. Nur in dieses Fällen handelt es sich bei den erforderlichen Leistungen auch um Besondere Leistungen.

Die weiteren Forderungen wie Freihalten von Bedientüren oder berührungsfreies Verlegen entsprechen den allgemein anerkannten Regeln der Technik und sind Grundlage der Anlageninstallation durch den Fachbetrieb.

Die sinngemäße Aufnahme von Inhalten der DIN EN 1610 bezieht sich insbesondere auf die Grabenausbildung und Bettung der Rohrleitungen.

### 3.2.6 Armaturen und Pumpen

Armaturen mit gleichen Funktionen sind typengleich auszuführen.

Im Vergleich zur alten Fassung wurde der Textabschnitt deutlich gekürzt. Weggefallen sind ein Absatz über den hydraulischen Abgleich, der schon im vorderen Teil gefordert wird, und ein Hinweis auf Kavitationsschäden an Pumpen. Diesen muss planerisch vorgebeugt werden durch entsprechende Positionierung und geeignete Druckhaltung.

Die Forderung nach typengleichen Armaturen bei gleicher Funktion erklärt sich aus der zukünftigen Bewirtschaftung der Immobilie. Eine wirtschaftliche Reparatur und Ersatzteilhaltung sind nur möglich, wenn einheitliche Armaturen verwendet werden. Diese Forderung wurde sprachlich schärfer gefasst als in der alten Fassung (dort: „sollen typgleich ausgeführt werden“).

Die Thematik „typgleiche Armaturen“ sollte großzügig ausgelegt werden. Insbesondere bei Erweiterungen im Bestand werden die vorhandenen Armaturen häufig nicht mehr erhältlich sein. Hier ist nur eine funktionsgleiche Armaturenauswahl möglich. Bei funktionsgleichen Armaturen im Allgemeinen muss darauf geachtet werden, dass es hier um die jeweilige Funktion geht. Beispielsweise haben Absperrschieber und Strangregulierventile unterschiedliche Funktionen. Damit sind bei diesen beiden Armaturentypen unterschiedliche Hersteller möglich. Ebenfalls denkbar ist es, dass innerhalb des Ventiltyps eines Herstellers und einer Serie bestimmte Kennwerte in Abhängigkeit vom Durchmesser unterschiedlich ausfallen. Hier kann es im Einzelfall sinnvoll sein, den Armaturentyp zu wechseln.

Unklar ist, ob Pumpen ebenfalls typgleich ausgeführt werden sollen. Während die Überschrift Pumpen und Armaturen adressiert, beschreibt der verbleibende Satz nur die Auswahl bei Armaturen. Die vereinfachte Bewirtschaftung ist bei kleineren

Pumpen eher ein untergeordnetes Thema. Pumpen sind relativ hochpreisig. Reparaturen erfolgen im Wesentlichen durch Austausch des Pumpenkopfes, ebenfalls ein relativ teures Ersatzteil, das typischerweise anlassbezogen bestellt wird. Bei größeren Pumpen erfolgen Reparaturen durchaus mit Ersatzteilen, die vorsorglich gelagert werden können. Damit wäre eine typgleiche Ausführung sinnvoll.

Im Rahmen des Angebotes werden durch den Bieter die vorgesehenen Produkte bekannt gegeben. Hierbei kann der Auftragnehmer die vorgesehenen Produkte auf die von ihm gewünschte Typengleichheit hin bewerten.

### 3.2.7 Mess-, Steuer- und Regeleinrichtungen

Die folgenden Absätze wurden bis auf eine abweichende Überschrift in den ATV DIN 18379, 18380 und 18381 vereinheitlicht.

Sie regeln insbesondere die Zusammenarbeit unterschiedlicher Gewerke im Bereich Mess-, Steuer- und Regeleinrichtungen. Diese Fälle werden regelmäßig dann auftreten, wenn die MSR-Technik separat ausgeschrieben ist. An den Schnittstellen zu ATV DIN 18379 (zum Beispiel beim Anschluss eines Nacherhitzers) bzw. ATV DIN 18381 (zum Beispiel bei Speicher und Fühleranschluss) ist ebenfalls mit einer Schnittstellenproblematik zu rechnen, die nur durch genaue Beauftragung gelöst werden kann. Bei der Ausschreibung der Materiallieferung bzw. -beistellung ist Sorgfalt notwendig. Eine entsprechende Dokumentation zur Montage beigestellter Materialien (Durchflussrichtung, Einbauvorschrift und -ort, ...) ist vertragliche Nebenleistung des Auftragnehmers.

**3.2.7.1** Stellglieder der Regelstrecken von funktional eigenständigen Einrichtungen, welche in Anlagen eingebaut werden, die nicht zur vertraglichen Leistung gehören, sind vom Auftragnehmer mit dem Verantwortlichen für die betreffende Anlage abzustimmen.

3.2.7.1 fordert eigentlich eine Selbstverständlichkeit ein. Der Fall kann zum Beispiel eintreten, wenn ein Mischer für die Heizungsregelung von der Regelungsfirma beigestellt wird und dieser Mischer nicht die geeignete Druckstufe aufweist.

**3.2.7.2** Messwertgeber sind an dafür geeigneten Stellen so einzubauen, dass der Messwert richtig erfasst wird.

**3.2.7.3** Anzeigegeräte müssen gut ablesbar, zu betätigende Geräte leicht zugänglich und bedienbar sein.

Diese Absätze geben weitere Beispiele, die neben den Belangen des anderen Gewerkes auch die des Betreibers berücksichtigen.

**3.2.7.4** Der Auftragnehmer hat bei der Prüfung und Inbetriebnahme der von ihm vorgenommenen elektrischen Verkabelung sowie der von ihm erstellten Steuer- und Regelanlage eine mit Anlagen dieser Art vertraute Fachkraft zur Verfügung zu stellen.

Gehört die elektrische Verkabelung oder die Mess-, Steuer- und Regeltechnik nicht zu den vertraglichen Leistungen, so ist das Abstellen einer Fachkraft während der Prüfung oder der Inbetriebnahme eine Besondere Leistung (siehe Abschnitt 4.2.16).

Die Mitwirkung bei der Prüfung und Inbetriebnahme der MSR-Technik wird zu einer Besonderen Leistung, wenn die elektrische Verkabelung oder die MSR-Technik nicht zur vertraglichen Leistung des Auftragnehmers gehören. Die Inbetriebnahme bei einschl. Regelungstechnik vollständig beauftragter Heizungsanlage ist hingegen eine Nebenleistung.

### 3.2.8 Raumheizflächen

**3.2.8.1** Heizkörper sind mit den Rohrleitungen so zu verbinden, dass sie leicht lösbar, entleerbar und abnehmbar sind. Heizkörper und ihre Armaturen müssen gut zugänglich sein.

### 3.2.9 Fußbodenheizungen

| | |
|---|---|
| DIN EN 1264-1 | Raumflächenintegrierte Heiz- und Kühlsysteme mit Wasserdurchströmung – Teil 1: Definitionen und Symbole |
| DIN EN 1264-4 | Raumflächenintegrierte Heiz- und Kühlsysteme mit Wasserdurchströmung – Teil 4: Installation |

Im Vergleich zur alten Fassung wurden 3.2.8.1 und 3.2.9 um die nicht für die Ausführung relevanten Teile gekürzt.

### 3.2.10 Dämmung und Brandschutz

Teile der Anlage, die eine Ummantelung/Dämmung erhalten sollen, sind so zu installieren, dass diese Leistung ordnungsgemäß ausgeführt werden kann.

Achtung: Gem. der in der ATV DIN 18421 zitierten Norm für Dämmarbeiten DIN 4140 „Dämmarbeiten an betriebstechnischen Anlagen in der Industrie und in der technischen Gebäudeausrüstung – Ausführung von Wärme- und Kältedämmung“ muss für eine ordnungsgemäße Montage der Dämmung zwischen den Rohrleitungen so viel Platz sein, dass nach Montage der Dämmung ein Mindestabstand von 100 mm verbleibt. Häufig sind Schächte und Rohrtrassen nicht so dimensioniert, dass dieser Abstand eingehalten werden kann. Der Auftragnehmer sollte in diesem Fall vorsorglich Bedenken anmelden, weil damit zu rechnen ist, dass für die Dämmarbeiten eine Besondere Leistung für die erschwerte Montage durch das andere Gewerk geltend gemacht wird.

### 3.2.11 Schallschutz

Wenn Schallschutzmaßnahmen an der Anlage auszuführen sind, müssen sie den Anforderungen der DIN 4109 „Schallschutz im Hochbau – Anforderungen und Nachweise“ entsprechen.

DIN 4109 „Schallschutz im Hochbau – Teil 1: Mindestanforderungen“ – (Juli 2016) formuliert in der Einleitung:

> „Es kann nicht erwartet werden, dass Geräusche von außen oder aus benachbarten Räumen nicht mehr bzw. als nicht belästigend wahrgenommen werden, auch wenn die in dieser Norm festgelegten Anforderungen erfüllt werden. Daraus ergibt sich insbesondere die Notwendigkeit, gegenseitig Rücksicht zu nehmen.“

Laut DIN 4109-36 „Schallschutz im Hochbau – Teil 36: Daten für die rechnerischen Nachweise des Schallschutzes (Bauteilkatalog) – Gebäudetechnische Anlagen“ (Juli 2016) lässt sich der in schutzbedürftigen Räumen auftretende Schallpegel häufig nicht vorhersagen, weil die meist vorliegende Körperschallanregung der Bauteile zz. rechnerisch schwer erfassbar ist.

Aus diesen beiden Belegstellen lässt sich nicht die Handlungsanweisung ableiten, den Schallschutz nicht zu beachten. Die Erwartungen an den Schallschutz müssen sich aber am technisch bzw. finanziell Machbaren orientieren.

Auch in diesem Abschnitt muss wieder klar zwischen Planung und Ausführung unterschieden werden. Schallschutz, egal auf welchem Niveau, wird in erster Linie durch eine entsprechende Planung erreicht. Fehlerhafte Grundrissgestaltung und Ähnliches lassen sich nachträglich nur schwer oder gar nicht durch die Ausführung beheben.

Laut Fußnote Tabelle 9 in DIN 4109-1 müssen bereits für die Erfüllung der Mindestanforderungen entsprechende Produkte geplant, eine verantwortliche Bauleitung benannt und Teilabnahmen erfolgen. Wenn dies nicht erfolgt, sollte der Auftragnehmer sogfältig prüfen, ob eine schriftliche Bedenkenanmeldung beim Auftraggeber erforderlich ist. Der Auftragnehmer alleine kann das Ergebnis aufgrund des Zusammenwirkens verschiedener Gewerke nicht gewährleisten. Wichtig: Sobald über die DIN 4109 hinausgehende Anforderungen an den Schallschutz gestellt werden, ist schon im Rahmen der Planung und während der Ausführung aller Gewerke durch den Auftraggeber ein Sachverständiger für Akustik hinzuzuziehen.

Bezüglich der Überprüfung der vom Auftraggeber überreichten Planungsunterlagen nach 3.1.3 kann der Auftragnehmer nur auf die Randbedingungen nach DIN 4109-36 mit den entsprechenden Installationsbeispielen achten. Die Art der Ausführung von Leistungen anderer Gewerke, welche Einfluss auf die Qualität des Schallschutzes haben können, ist nicht Inhalt dieser Überprüfung.

## 3.3 Anzeige, Erlaubnis, Genehmigung und Prüfung

Die für die behördlich vorgeschriebenen Anzeigen oder Anträge notwendigen zeichnerischen und sonstigen Unterlagen sowie Bescheinigungen sind entsprechend der für die Anzeige-, Erlaubnis- oder Genehmigungspflicht vorgeschriebenen Anzahl vom Auftragnehmer dem Auftraggeber zur Verfügung zu stellen. Dies gilt nicht, wenn die Prüfvorschriften für Anlagenteile eine dauerhafte Kennzeichnung statt einer Bescheinigung zulassen.

3.3 bezieht sich auf den Fall, dass das abzunehmende Werk, zum Beispiel eine Öltankanlage, der Anzeige-, Erlaubnis- oder Genehmigungspflicht unterliegt. Hier wird eine Mitwirkungspflicht des Auftragnehmers beschrieben, deren Umfang gemäß 0.2.25 definiert sein muss. Nur mit den erforderlichen Unterlagen kann der Auftraggeber seinen oben beschriebenen Verpflichtungen nachkommen.

Bei Bauteilen, die ab Werk geprüft und dauerhaft gekennzeichnet sind, besteht die Verpflichtung in der Übergabe der werksseitig mitgelieferten Unterlagen. Als

Beispiel kann hier der Wärmemengenzähler dienen, der mit einer „Eichung“ in Verkehr gebracht wird.

## 3.4 Druckprüfung

**3.4.1** Der Auftragnehmer hat die Anlage nach dem Einbau und vor dem Schließen der Mauerschlitze und Wand- und Deckendurchbrüche sowie gegebenenfalls vor dem Aufbringen des Estrichs oder einer anderen Überdeckung einer Druckprüfung zu unterziehen.

Die Druckprüfung dient der Schadensbegrenzung bei Material- oder Verarbeitungsfehlern und muss daher vor Überdeckung mit anderen Materialien erfolgen. Bei der Druckprüfung handelt es sich um eine Nebenleistung. Achtung: Gem. 4.2.20 in Verbindung mit 4.1.9 kann sich ein Anspruch für den Auftragnehmer ergeben, wenn zusätzliche Druckprüfungen angeordnet werden, die den kontinuierlichen Arbeitsfluss unterbrechen.

**3.4.2** Wasserheizungen und Wassererwärmungsanlagen sind nach DIN EN 14336 „Heizungsanlagen in Gebäuden – Installation und Abnahme der Warmwasser-Heizungsanlagen“ zu prüfen. Dabei ist die hydraulische Druckprüfung wie auch die pneumatische Druckprüfung zulässig.

Neu aufgenommen wurde die pneumatische Druckprüfung. Die pneumatische Druckprüfung kann im Bauablauf vorteilhaft sein, weil Korrosionsprobleme durch Entleeren der Anlage oder Frostschutzprobleme bei nicht in Betrieb genommenen Anlagen vermieden werden. Die DIN EN 14336 bevorzugt die Prüfung mit Wasser. Die 18380 hat ausdrücklich keine Präferenzen.

Hinweis: Mit der Überarbeitung der VDI 2035 können sich abweichende Anforderungen ergeben.

Während die DIN EN 14336 einen Prüfdruck fordert, der 30 % über dem Betriebsdruck liegt, wird üblicherweise bei pneumatischen Druckprüfungen abweichend davon mit deutlich niedrigeren Drücken aus Gründen der Gefahrenabwehr gearbeitet. Weitere normative Vorgaben werden in der DIN EN 14336 nicht gegeben. Bei allen weiteren Angaben handelt es sich um informative Punkte innerhalb der Norm, die erst einmal keinen bindenden Charakter haben. Zu beachten sind jedoch die Anforderungen nach 3.4.4. ZVSHK und BTGA stellen geeignete Vordrucke zur Verfügung.

Die DIN 18380 fordert nur die Druckprüfung, verweist aber auf die DIN EN 14336. Diese unterscheidet zwischen Belastungs- und Dichtheitsprüfung. Dies ist teilweise sinnvoll. Im Einzelfall kann eine Trennung dieser beiden Prüfungen entbehrlich sein. Teilweise werden beide Prüfungen kombiniert durchgeführt, indem zuerst eine Dichtheitsprüfung durchgeführt wird und anschließend der Prüfdruck erhöht wird. Entsprechend der Vorgehensweise gibt es entgegen dem informativen Vorschlag der DIN EN 14336 nur einen Nachweis für beide Prüfungen statt zwei.

**3.4.3** Dampfanlagen sind mit einem Druck zu prüfen, der dem Ansprechdruck des Sicherheitsventils entspricht. Zusätzlich sind die Technischen Regeln für Dampfkessel TRD der Reihe 500 zu beachten.

Kommentar nicht erforderlich

**3.4.4** Über die Druckprüfungen sind Protokolle zu erstellen. Aus ihnen müssen hervorgehen:

- Datum der Prüfung,
- Anlagendaten wie Aufstellungsort, höchstzulässiger Betriebsdruck, bezogen auf den tiefsten Punkt der Anlage,
- Prüfdruck, bezogen auf den Ansprechdruck des Sicherheitsventils,
- Dauer der Beaufschlagung mit dem Prüfdruck,
- Bestätigung, dass die Anlage dicht ist und an keinem Bauteil eine bleibende Formänderung aufgetreten ist.

Vergleichen Sie hierzu die Kommentare zur 3.4.2

## 3.5 Einstellen der Anlage

**3.5.1** Der Auftragnehmer hat die Anlagenteile so einzustellen, dass die geplanten Funktionen und Leistungen erbracht und die gesetzlichen Bestimmungen erfüllt werden.

Der hydraulische Abgleich ist mit den rechnerisch ermittelten Einstellwerten so vorzunehmen, dass bei bestimmungsgemäßem Betrieb, also z. B. auch nach Raumtemperaturabsenkung oder Betriebspausen der Heizanlage, alle Wärmeverbraucher entsprechend ihrer Heizlast mit Heizwasser versorgt werden.

Dieser Abschnitt beschreibt die Verpflichtung des Auftragnehmers, die von ihm verbauten Anlagenteile auch entsprechend den Planungsdaten einzustellen.

Konkret benannt wird hier der hydraulische Abgleich. Der Hinweis auf das gleichmäßige Aufheizen aller Wärmeverbraucher nach Betriebspausen – so ist der letzte Satz dieses Abschnitts zu interpretieren – ist als Erläuterung zu verstehen. Wenn ein hydraulischer Abgleich geplant wird und die entsprechenden Einstellwerte in der Anlage eingestellt wurden, ist die geforderte gleichmäßige Aufheizung automatisch gegeben.

**3.5.2** Die Einstellung ist zur Abnahme vorzunehmen.

Im Bauablauf kann es sinnvoll sein, Einstellungen am Ventil sofort bei der Montage vorzunehmen. Das ist möglich und sinnvoll, wenn keine Spülung der Leitungen vorgesehen ist. Das Spülen ist eine Besondere Leistung und in 4.2.28 beschrieben. Wenn Leitungen gespült werden sollen, sollte dies zu einem Zeitpunkt erfolgen, zu dem die Ventile noch nicht eingestellt sind. Nur so ist sichergestellt, dass der volle Rohrquerschnitt zum Spülen zur Verfügung steht. 3.5.2 stellt klar, dass diese Einstellung zur Abnahme, also nach Spülen der Leitungen, zu erfolgen hat. Falls keine Spülung erfolgt, spricht nichts gegen das Einstellen der Ventile zum Zeitpunkt der Abnahme.

In der alten Fassung wurden bestimmte Einstelltätigkeiten in die Zeit nach der ersten Heizperiode gelegt. Dies wurde bewusst gestrichen. Ordentlich geplante und entsprechend ausgeführte Anlagen sollten mit der Abnahme laufen. Ein Nachstellen von Einstellwerten fällt damit entweder unter die Gewährleistung, wenn die geplanten Einstellwerte nicht korrekt in der Ausführung übernommen wurden. Andernfalls stellen sie eine Korrektur einer falschen Planung dar oder fallen unter eine Anpassung im Rahmen der Bewirtschaftung der Immobilie. Beide Fälle sind nicht Bestandteil des VOB-Vertrages.

Sollte der hydraulische Abgleich mittels Messverfahren ermittelt werden, kann es in Abhängigkeit vom Verfahren notwendig sein, die Heizperiode abzuwarten. Üblicherweise wird der hydraulische Abgleich jedoch als Ergebnis des Planungsvorganges mittels Berechnung bestimmt.

**3.5.3** Das Bedienungs- und Wartungspersonal für die Anlage ist durch den Auftragnehmer einmal einzuweisen.

Da die Einweisung insbesondere von komplexen Anlagen aus Sicht des Auftraggebers zwingende Voraussetzung für einen sparsamen, sicheren und störungsfreien Betrieb ist, muss sie bis zur Abnahme, also die Übergabe an den Auftraggeber, erfolgen. Der Auftraggeber hat die einzuweisende Person rechtzeitig zu benennen. Eine nicht erfolgte Einweisung kann die Verweigerung der Abnahme zur Folge haben. Die Einweisung erfolgt einmal, ansonsten handelt es sich um eine Besondere Leistung (s. 4.2.24).

Um Streitigkeiten zu vermeiden, sollte mit dem Auftraggeber rechtzeitig und schriftlich geklärt werden, welche Personen zu welchem Zeitpunkt eingewiesen werden sollen. Die Einweisung muss nach 3.7 protokolliert werden.

Es ist nicht Aufgabe des Auftragnehmers, unqualifiziertes Personal des Auftraggebers fortzubilden. Je nach Umfang der Anlage können zu einer Einweisung folgende Punkte beispielhaft gehören:

- Lage und Betätigung von Absperrventilen
- Grundsätzliche Bedienung der Regelung
- Fachmannebene der Regelung (nur bei qualifiziertem Personal – Gefahr von Schäden durch falsche Einstellung)
- Verhalten im Störungsfall
- Verhalten im Schadensfall
- Wartungsintervalle von Bauteilen
- Geplante Wasserbeschaffenheit in der Heizungsanlage
- Ansprechpartner bei Fragen zur Gewährleistung

### 3.6 Abnahme

**Es ist zur Abnahme eine Vollständigkeits- und Funktionsprüfung durchzuführen, eine Funktionsmessung jedoch nur nach besonderer Vereinbarung.**

Grundsätzlich wird hier sowohl für die Vollständigkeits- als auch die Funktionsprüfung keine besondere Form vorgegeben. Die DIN EN 14336 macht hier Vorschläge, die jedoch informativ, also nicht normativ, sind. Funktionsmessungen werden ausdrücklich nicht gefordert. Die offensichtliche Funktionsfähigkeit der Anlage reicht hier aus. Ansonsten sind Funktionsmessungen als Besondere Leistungen (s. 4.2.25) auszuschreiben.

### 3.6.1 Vollständigkeitsprüfung

Die Vollständigkeitsprüfung besteht aus folgenden Einzelprüfungen:

- Vergleich der Lieferung mit der Leistungsbeschreibung sowohl hinsichtlich des Umfanges als auch der Stoffe und gegebenenfalls der Eigenschaften und Ersatzteile,
- Prüfung auf Einhaltung technischer und behördlicher Vorschriften,
- Prüfung, ob alle für das Betreiben der Anlage notwendigen Unterlagen vorhanden sind.

Die Vollständigkeitsprüfung liefert den Nachweis, dass alle geforderten Leistungen erbracht wurden. Dazu gehören ausdrücklich auch alle notwendigen Unterlagen, also zum Beispiel Anleitungen, Bescheinigungen und Dokumentationen. Sie gibt dem Auftragnehmer aber auch eine letzte Möglichkeit, alle verbauten Materialien zu erfassen und vollständig abzurechnen.

### 3.6.2 Funktionsprüfung

Die Funktionsprüfung der Gesamtanlage ist im Rahmen eines Probebetriebes durchzuführen. Sie umfasst:

- die Sicherheitseinrichtungen,
- die Wärmeerzeuger sowie die Heizflächen,
- die Regel- und Schalteinrichtungen.

Schmutzfänger und Filter sind nach dem Probebetrieb zu reinigen.

Dieser Abschnitt beschreibt relativ offen den Umfang der Funktionsprüfung, gibt aber dennoch einen ausgewogenen Rahmen für den notwendigen Aufwand.

Die Überprüfung von Sicherheitseinrichtungen erfolgt nach Vorgabe der Hersteller. Bei Wärmeerzeugern und Heizflächen wird sich die Funktionsprüfung in der Regel darauf beschränken, ob Wärme anliegt. Eine Überprüfung, ob der Raum bzw. das Gebäude ausreichend warm wird, kann nur während der Heizperiode erfolgen. Je nach Zeitpunkt der Abnahme ist diese Beurteilung daher nicht Bestandteil der Abnahme. Inwieweit Regel- und Schalteinrichtungen überprüft werden können oder müssen, ist im Einzelfall zu klären. Bei einfachen Anlagen, wie sie zum Beispiel bei Wandgeräten mit integrierter Regelung und einem Heizkreis typisch sind, wird sich die Überprüfung auf die Plausibilität der Anzeigewerte beschränken. Bei umfangreichen Anlagen mit mehreren Pumpen oder Mischern sollte der Umfang größer ausfallen.

Die Reinigung von Filtern und Schmutzfängern erklärt sich daraus, dass die Spülung der Anlagen nicht notwendigerweise Bestandteil des Vertrages ist. Es ist damit zu rechnen, dass sich Schmutzreste o. Ä. in diesen Armaturen absetzen. Mit der Übergabe soll der Auftraggeber eine funktionsfähige Anlage erhalten. Diese wäre bei zugesetzten Filtern nicht gegeben.

Die Dauer des Probebetriebes ist nicht in der VOB festgeschrieben. Sinn des Probebetriebes ist die Überprüfung, ob die Anlage grundsätzlich funktioniert. Es geht beispielsweise darum, ob Wärme in den Heizkreisen ankommt, nicht jedoch um den Nachweis, dass der Raum bei Auslegungstemperaturen warm wird. Die Dauer orientiert sich an der Gebäudegröße.

Bei der Inbetriebnahme ist eine Abstimmung der beteiligten Gewerke unabdingbar (s. Abschnitt 0.2.23).

## 3.7 Mitzuliefernde Unterlagen

Der Auftragnehmer hat folgende Unterlagen aufzustellen und dem Auftraggeber spätestens bei der Abnahme nach folgender Sortierung zu übergeben:

- elektrische Übersichtsschaltpläne und Anschlusspläne nach DIN EN 61082-1 (VDE 0040-1) „Dokumente der Elektrotechnik – Teil 1: Regeln“;
- Zusammenstellungen der wichtigsten technischen Daten;
- Kopien der vorgeschriebenen Prüf- und Herstellerbescheinigungen, Verwendbarkeitsnachweise, Fachunternehmererklärungen;
- alle für einen sicheren und wirtschaftlichen Betrieb erforderlichen Bedienungs- und Wartungsanleitungen, insbesondere nach DIN EN 12170 „Heizungsanlagen in Gebäuden – Betriebs-, Wartungs- und Bedienungsanleitungen – Heizungsanlagen, die qualifiziertes Bedienungspersonal erfordern“ und DIN EN 12171 „Heizungsanlagen in Gebäuden – Betriebs-, Wartungs- und Bedienungsanleitungen – Heizungsanlagen, die kein qualifiziertes Bedienungspersonal erfordern“;
- Protokolle über die Druckprüfung;
- Protokoll über die Einweisung des Wartungs- und Bedienungspersonals;
- Protokoll über die Abgasmessung.

Die Unterlagen sind dem Auftraggeber in Papierform, 3-fach, in deutscher Sprache auszuhändigen. Begriffe, Abkürzungen, Kurzzeichen, usw. dürfen entsprechend den normativen Regelwerken verwendet werden.

Hier wird der Umfang der mitzuliefernden Unterlagen definiert. Abweichend von der alten Regelung wurde eine soweit möglich einheitliche Regelung für die

ATV DIN 18379, 18380 und 18381 getroffen. Entsprechend dem Stand der Technik sind die pausfähigen Unterlagen als Variante entfallen.

Die geforderte Sortierung vereinfacht für den Auftraggeber die spätere Bewirtschaftung der Liegenschaft. Der genaue Umfang der jeweiligen Einzelpunkte ist bereits in der Ausschreibung zu fixieren und im Einzelfall zu klären. Bei kleinen Gebäuden mit einfachen Anlagenschemata wird häufig eine nach obiger Sortierung geordnete Zusammenstellung der Herstellerunterlagen ausreichend sein. Bei größeren und umfangreicheren Anlagen ist es notwendig, dass der Auftragnehmer eine eigene, auf die jeweilige Gesamtanlage zugeschnittene Anleitung erstellt.

Die übergebenen Unterlagen werden später Teil des Anlagenbuches, das der Auftraggeber bei Bedarf erstellt.

## 4 Nebenleistungen, Besondere Leistungen

In Abschnitt 4 werden Leistungen beschrieben, die in der Regel für ein vollständiges, funktionierendes Gewerk zu erbringen sind.

Die Leistungen werden dabei in zwei Gruppen untergliedert. Diese sind:

- Nebenleistungen und
- Besondere Leistungen,

wobei die Besonderen Leistungen auch als eine Erweiterung der Nebenleistungen verstanden werden, sofern die Nebenleistung Aufwände erfordert, die über das übliche Maß hinausgehen. In solchen Fällen wird aus Abschnitt 4.1 auf den Abschnitt 4.2 verwiesen.

**4.1 Nebenleistungen** sind ergänzend zur ATV DIN 18299, Abschnitt 4.1, insbesondere:

Nach ATV DIN 18299 Abschnitt 4.1 werden Nebenleistungen beschrieben als:

„Nebenleistungen sind Leistungen, die auch ohne Erwähnung im Vertrag zur vertraglichen Leistung gehören (§ 2 Absatz 1 VOB/B)."

Für Nebenleistungen gilt, dass diese im Leistungsverzeichnis nicht als separate Position aufgeführt werden müssen und trotzdem im Zusammenhang mit der jeweiligen Hauptposition, welche Bestandteil des Leistungsverzeichnisses ist, zu erbringen sind. Die Vergütung für diese Nebenleistungen ist bei der Ermittlung der Einheitspreise zur jeweiligen Hauptleistung zu berücksichtigen, sofern sie nicht – auch ohne ein besonderes Erfordernis – mit einer separaten Position angefragt werden. Art und Umfang der zur Erbringung der wesentlichen Hauptleistungen erforderlichen Arbeiten sind in Abschnitt 3 „Ausführung" beschrieben. Diese Leistungen sind regelmäßig als Nebenleistungen in die Einheitspreise einzurechnen.

Die auf das jeweilige Gewerk bezogenen Nebenleistungen werden in 4.1.1 bis 4.1.9 beschrieben. Weitere Nebenleistungen, die übergreifend für alle Gewerke Geltung besitzen, wie beispielsweise für die Einrichtung der Baustelle, den Stoff- und Bauteiltransport oder für Maßnahmen zur Arbeitssicherheit, sind die als Nebenleistung zu erbringenden Leistungen in ATV DIN 12599 Abschnitt 4.1 ausführlich aufgeführt.

Eine umfassende, genaue und abschließende Auflistung aller Nebenleistungen kann im Rahmen der ATV nicht geleistet werden. Dies wird durch die Verwendung des Begriffes „insbesondere" deutlich. Nebenleistungen sind auch Leistungen, die der gewerblichen Verkehrssitte entsprechen. Die gewerbliche Verkehrssitte beschreibt Leistungen, die selbstverständlich zu Erbringung der vereinbarten Hauptleistung gehören. Diese sind beispielsweise das Erstellen der Protokolle zur Einregulierung oder zur Einweisung des Bedienungs- und Wartungspersonals oder das Vorbereiten und Mitwirken bei der Abnahme der eigenen Leistung.

Bei der fachlichen Überarbeitung der ATV-Texte werden in der Regel solche Leistungen als Nebenleistungen aufgenommen, die häufig wiederkehrende Sachverhalte beschreiben oder bei denen es zu kontroversen Sichtweisen durch die Vertragspartner gekommen ist.

**4.1.1** Prüfen der Unterlagen des Auftraggebers nach Abschnitt 3.1.3.

Das Prüfen der Unterlagen des Auftraggebers stellt einen wichtigen Baustein der korrekten Leistungserbringung. Kommt es aufgrund nicht erkannter Fehler der Planunterlagen zu Mängeln bei der Ausführung, wird zu belegen sein, weshalb dieser Fehler bei der Prüfung der Unterlagen nicht erkannt werden konnte.

Zu prüfen sind dabei die in Abschnitt 3.1.2 Absatz 5 aufgelisteten, für die Ausführung nötigen Unterlagen, die nach § 3 Abs. 1 VOB/B beizustellen sind. Es ist dringend angeraten, den für die Prüfung dieser Dokumente erforderlichen Aufwand bei der Kostenkalkulation zu berücksichtigen.

**4.1.2** Auf-, Um- und Abbauen sowie Vorhalten von Gerüsten für eigene Leistungen, sofern die zu bearbeitende Fläche nicht höher als 3,50 m über der Standfläche des hierfür erforderlichen Gerüstes liegt.

**4.1.3** Ausgleichen abgestufter oder geneigter Standflächen von Gerüsten bis zu 40 cm Höhenunterschied, z. B. über Treppen oder Rampen.

Die Regelungen zur Beistellung von Gerüsten wurden im Hauptausschuss Hochbau umfassend beraten und abschließend für alle ATVen als Standardformulierung gleichlautend vorgegeben. Mit der Formulierung soll erreicht werden, dass Gerüste bis zu einer Höhe des oberen Gerüstbodens von 2,0 m über der Standfläche, gemeint ist damit die Aufstellfläche, des Gerüstes als Nebenleistung beizustellen und in die Einheitspreise einzurechnen sind. Dabei wird von einer Arbeitsreichweite des Mitarbeiters von bis 1,5 m über der Standfläche der Person ausgegangen. Insbesondere wurden Aspekte der Arbeitssicherheit berücksichtigt. Für die Ausführung und den Aufbau von Gerüsten sowie die Arbeits- und Standsicherheit sind grundsätzlich die Vorgaben der ATV DIN 18451 „Gerüstarbeiten" maßgebend.

Der Satzteil „... für eigene Leistungen" schließt eine Bereitstellung der beigestellten Gerüste für Leistungen anderer Auftragnehmer als Nebenleistung aus.

Werden Leistungen oberhalb geneigter Flächen erforderlich, so ist als Nebenleistung ein Ausgleich der Neigung von maximal 40 cm zu erbringen. Dieses Maß kann in der Regel durch die Stellfüße des Gerüstes ausgeglichen werden.

### **4.1.4** Typ- und Leistungsschilder.

Typ- und Leistungsschilder gehören regelmäßig zum Lieferumfang aktiver Komponenten. Sie werden vom Hersteller der Komponente erstellt und an dieser dauerhaft angebracht. Weitere Hinweise zu Art und Inhalt der Typ- und Leistungsschilder werden in Abschnitt 2.1 gegeben.

### **4.1.5** Anschlüsse, Wand- und Deckendurchführungen ohne besondere Anforderungen, ausgenommen Leistungen nach Abschnitt 4.2.10.

Mit Anschluss ist hier die Verbindung zwischen Rohr und zum Beispiel der Wand gemeint, nicht jedoch der Anschluss an ein vorhandenes Rohrnetz. Letzterer ist in Abschnitt 4.2.15 als Besondere Leistung geregelt.

Die Bedeutung dieses Abschnitts zeigt sich im Vergleich mit Abschnitt 4.2.10. Das reine Durchfahren einer üblichen Wand oder Decke ist als Regelleistung zu werten. Erst in Kombination mit weiteren Anforderungen zum Beispiel aus den Bereichen Luftdichtheit, Schutz gegen eindringendes Wasser, Brand- oder Schallschutz ist von einer Besonderen Leistung auszugehen. Dazu gehören die Verwendung von industriell gefertigten Brandschotts, aber auch das Verstricken mit Hanf.

Es handelt sich im Wesentlichen dann um eine Besondere Leistung, wenn zusätzlich zum Rohr weiteres Material benötigt wird, das das Rohr oder die Rohrstrecke radial ergänzt.

Der benötigte Durchbruch ist in 4.2.8 als Besondere Leistung beschrieben.

### **4.1.6** Anbringen von Konsolen und Halterungen, ausgenommen Leistungen nach Abschnitt 4.2.12.

Dieser Abschnitt wurde neu aufgenommen, um deutlich zu machen, dass nicht jede Konsole oder Halterung als Besondere Leistung ausgeschrieben werden muss. Werden zur fachgerechten Befestigung und Lastaufnahme von Bauteilen nach der gewerblichen Verkehrssitte Konsolen oder Halterungen benötigt, gehören diese zu den Nebenleistungen.

Falls derartige Konstruktionen aufgrund baulicher Gegebenheiten oder aufgrund von Installationen anderer Gewerke, die von eigenen Installationen umbaut werden müssen, erforderlich werden und das Maß der gewerblichen Verkehrssitte übersteigen, sind dies Besondere Leistungen.

**4.1.7** Schutz von Bau- und Anlagenteilen vor Verunreinigungen und Beschädigungen durch die Arbeiten an Heiz- und zentralen Wassererwärmungsanlagen sowie Wärmeverteilanlagen durch loses Abdecken, Abhängen oder Umwickeln, ausgenommen Schutzmaßnahmen nach Abschnitt 4.2.31.

Diese Leistung ist zu erbringen, wenn durch die eigenen Montagearbeiten Leistungen des eigenen oder von anderen Gewerken verschmutzt oder anderweitig beschädigt werden könnten. Dies ist insbesondere der Fall, wenn bei Fertigmontagen in bereits nahezu bezugsfertig hergestellten Räumen Arbeiten ausgeführt, werden, bei denen mit Verschmutzungen zu rechnen ist. Auch bei Installationsarbeiten in Bereichen, in denen schutzbedürftige Leistungen, auch solche anderer Gewerke, bereits erbracht sind, kann ein Schutz durch Abdecken, Umhüllen o. Ä. notwendig sein.

Als Nebenleistung ist ein Schutz durch Bauschutzfolien mit einer Dicke von weniger als 0,2 mm vorgesehen. Dickere Folien sowie andersartige Schutzmaßnahmen sind eine Besondere Leistung nach 4.2.25. Diese Formulierung ist in den drei TGA-ATVen gleichlautend aufgenommen worden.

**4.1.8** Vorlegen vorgefertigter Oberflächen- und Farbmuster.

Hierbei wird es sich regelmäßig um Farb- und Strukturmuster für Heizkörper handeln. Sinn ist die Bemusterung der Optik durch den Auftraggeber.

**4.1.9** Fertigstellen von Bauteilen in mehreren Arbeitsgängen zur Ermöglichung von Arbeiten anderer Unternehmer, soweit die eigenen Leistungen im Zuge gleichartiger Arbeiten kontinuierlich erbracht werden können. Sind diese Voraussetzungen nicht gegeben, handelt es sich um Besondere Leistungen nach Abschnitt 4.2.32.

Mit diesem Abschnitt werden Leistungsunterbrechungen beschrieben, bei denen eine grundsätzliche Fortsetzung der eigenen, gleichartigen Leistung, wenn auch an anderer Stelle auf der gleichen Baustelle, möglich ist. Der Begriff „gleichartige Arbeiten" impliziert, dass die Leistungen zwar an einer räumlich anderen Stelle, jedoch mit gleichem Personal und gleichen Arbeitsmitteln ausgeführt werden können. Es soll gewährleistet werden, dass die Arbeiten an anderer Stelle keine Änderung der Einrichtung der Baustelle oder der Disponierung des Personals erfordern.

Der Rückbau und Wiederaufbau von Baustelleneinrichtungen für die Ermöglichung von Arbeiten anderer Unternehmer, beispielsweise nicht beweglicher Gerüste, ist nicht Bestandteil der Nebenleistung.

**4.2 Besondere Leistungen** sind ergänzend zur ATV DIN 18299, Abschnitt 4.2, z. B.:

Nach ATV DIN 18299 Abschnitt 4.2 werden Besondere Leistungen beschrieben als:

„Besondere Leistungen sind Leistungen, die nicht Nebenleistungen nach Abschnitt 4.2.1 sind und nur dann zur vertraglichen Leistung gehören, wenn sie in der Leistungsbeschreibung besonders erwähnt sind."

Besondere Leistungen kommen nicht regelmäßig vor und bedürfen daher einer besonderen Erwähnung mit einer Leistungsposition im Rahmen der Leistungsbeschreibung, um zum Vertragsbestandteil zu werden. Es empfiehlt sich, vor der Erstellung der Leistungsbeschreibung sowohl den Abschnitt 0 „Hinweise zur Ausschreibung" als auch den Abschnitt 4.2 „Besondere Leistungen" zur Kenntnis zu nehmen.

Die Auflistung der besonderen Leistungen ist, ebenso wie die der Nebenleistungen, keinesfalls abschließend, was durch die Verwendung des Begriffes „z. B." deutlich gemacht wird.

Leistungen aus Abschnitt 4.1 können zur Besonderen Leistung werden, wenn sie über das übliche Maß hinaus mit Lieferungen und Aufwendungen verbunden sind. Entsprechende Nebenleistungen nach Abschnitt 4.1 enthalten in der Regel einen entsprechenden Verweis auf Abschnitt 4.2.

Wird das Erbringen Besonderer Leistungen zur Herstellung der beauftragten Leistung erforderlich und sind diese nicht beschrieben, sollte der Auftragnehmer vor einer Ausführung auf diesen Umstand hinweisen und die erforderliche Vergütung mit dem Auftraggeber vereinbaren.

**4.2.1** Planungsleistungen wie Entwurfs-, Ausführungs- und Genehmigungsplanung sowie die Planung von Schlitzen und Durchbrüchen.

Planungsleistungen gehören grundsätzlich nicht zum Lieferumfang im Rahmen eines VOB-Vertrages.

Werden diese Leistungen in die Leistungsbeschreibung aufgenommen und vom Auftragnehmer angeboten, sind sie Vertragsbestandteil und somit zu erbringen.

Das Erstellen der erforderlichen Unterlagen nach Abschnitt 3.1.2 (Montage- und Werkstattpläne) ist nicht Bestandteil des Abschnittes 4.2.1.

**4.2.2** Anzeichnen von Durchbrüchen, wenn deren Ausführung nicht im Leistungsumfang des Auftragnehmers enthalten ist.

Das Herstellen von Schlitzen und Durchbrüchen bedarf grundsätzlich vor Ausführung einer Abstimmung mit dem Auftraggeber. Dabei werden auch statische Belange des Bauwerkes geprüft. Die Freigabe zur Ausführung sollte in Schriftform dokumentiert werden.

Der Aufwand für das Anzeichnen von Durchbrüchen und Schlitzen kann mit erheblichem Aufwand verbunden sein. Neben der ggf. erforderlichen Erstellung einer Maßkette mit Bezug zu eindeutig vermaßten Punkten (Meterriss etc.) können auch spezielle Werkzeuge wie Nivelliergerät oder weitere Messgeräte benötigt werden. Ebenso kann das Bereitstellen von Montagehilfen wie Leitern oder Gerüste notwendig sein, um die Markierungen für Durchbrüche etc. in hohen Räumen anbringen zu können.

Sind im Rahmen der Preisermittlung Art und Umfang von Leistungen zur Festlegung von Durchbrüchen, Schlitzen etc. nicht bekannt, können sie bei der Preisfindung nicht im benötigten Maß berücksichtigt werden.

**4.2.3** Besondere Maßnahmen zur Schalldämmung und Schwingungsdämpfung von Anlagenteilen gegen den Baukörper.

Die nach Abschnitt 3.2.11 „Schallschutz" beschriebenen, grundlegenden Leistungen entsprechend DIN 4109 sind als Nebenleistungen zu erbringen. Werden darüberhinausgehend Anforderungen an einen erhöhten Schallschutz gestellt, sind dieses Besondere Leistungen, die einer Beschreibung im Leistungsverzeichnis bedürfen.

Für Maßnahmen zur Vermeidung der Schwingungsübertragung ist in Kapitel 3 kein eigener Abschnitt vorgesehen. Es sind die allgemein anerkannten Regeln der Technik sowie die Vorgaben der Komponentenhersteller bereits bei der Planung zu berücksichtigen und im Leistungsverzeichnis zu beschreiben. Dabei ist auch die Schwingungsentkopplung der Rohrleitungsanschlüsse zu beachten.

Werden aufgrund der Gebäudenutzung besondere Anforderungen an eine Vermeidung der Schwingungsübertragung gestellt, beispielsweise bei Messtechnik-Laboren mit schwingungsempfindlichen Messinstrumenten, müssen die gewünschten Maßnahmen im Leistungsverzeichnis beschrieben sein.

Für erhöhte Anforderungen an den Schallschutz wird auf Abschnitt 3.2.11 verwiesen.

**4.2.4** Vorhalten von Aufenthalts- und Lagerräumen, wenn der Auftraggeber Räume, die leicht verschließbar gemacht werden können, nicht zur Verfügung stellt.

Der Auftraggeber hat nach § 4 (4) Nummer 1. VOB/B dem Auftragnehmer Lager- und Arbeitsplätze auf der Baustelle unentgeltlich zur Mitbenutzung bereitzustellen. Diese Räume werden regelmäßig für den Aufenthalt von Mitarbeitern und eine ordnungsgemäße Lagerung der Baumaterialien, insbesondere im Hinblick auf das Arbeitsrecht, die Hygiene (zum Beispiel bei Einbau von Speichern) und den Schutz vor Verschmutzung benötigt. Kann der Auftraggeber diese Räume nicht bereitstellen, so ist eine entsprechende Position im Leistungsverzeichnis vorzusehen. Dadurch wird der Auftragnehmer in die Lage versetzt, Kosten für Lager- oder Sozialräume vorzusehen.

**4.2.5** Auf-, Um- und Abbauen sowie Vorhalten von Gerüsten für Leistungen anderer Unternehmer.

Falls Gerüste nicht für die eigene, sondern für Leistungen anderer Gewerke bereitgestellt werden sollen, muss dieses im Leistungsverzeichnis beschrieben werden. Neben der Dauer der Bereitstellung müssen auch die Art der Gerüste und die vorgesehene Arbeitshöhe angegeben werden. Für die Ausführung und den Aufbau von Gerüsten sowie die Arbeits- und Standsicherheit sind grundsätzlich die Vorgaben der ATV DIN 18451 „Gerüstarbeiten" maßgebend.

**4.2.6** Auf-, Um- und Abbauen sowie Vorhalten von Gerüsten für eigene Leistungen, sofern die zu bearbeitende Fläche höher als 3,50 m über der Standfläche des hierfür erforderlichen Gerüstes liegt.

**4.2.7** Auf-, Um- und Abbauen sowie Vorhalten von Gerüsten mit abgestufter oder geneigter Standfläche, z. B. über Treppen oder Rampen, sofern ein Ausgleich von mehr als 40 cm erforderlich ist.

Die Regelungen zur Beistellung von Gerüsten als Nebenleistung bzw. als Besondere Leistung wurden vom Hauptausschuss Hochbau für alle ATVen als Standardformulierung gleichlautend vorgegeben.

Werden Gerüste für eine zu bearbeitende Fläche, die höher als 3,50 m über der Gerüst-Standfläche liegt, benötigt, so ist dies gesondert zu beschreiben. Für zu bearbeitende Flächen bis 3,50 m Höhe sind Gerüste als Nebenleistung nach Abschnitt 4.1.2 bzw. 4.1.3 beizustellen. Für die Ausführung und den Aufbau von Gerüsten sowie die Arbeits- und Standsicherheit sind grundsätzlich die Vorgaben der ATV DIN 18451 „Gerüstarbeiten“ maßgebend.

**4.2.8** Herstellen von Schlitzen und Durchbrüchen.

Wird das Herstellen von Schlitzen und Durchbrüchen an den Auftragnehmer vergeben, so ist dies im Leistungsverzeichnis gesondert zu beschreiben. Vor einer Ausführung der Arbeiten ist eine Abstimmung mit dem Auftraggeber, insbesondere bezüglich der Freigabe der auszuführenden Leistung, erforderlich. Der Auftraggeber hat vor seiner Freigabe die Auswirkungen auf die Statik der zu bearbeitenden Konstruktion zu prüfen.

Im Vergleich zu Gesamtausgabe der VOB 2012, dort Abschnitt 4.2.5 der DIN 18380, ist hier der Satzteil „... Stemm-, Bohr- und Fräsarbeiten für die Befestigung von Halterungen und Konsolen, sowie das ...“ entfallen. Das Herstellen der Bohrlöcher für die Aufnahme von Dübeln oder sonstigen Befestigungen für Halterungen und Konsolen ist eine Nebenleistung. Stemm- und Fräsarbeiten dienen in der Regel dem Herstellen von Schlitzen oder Nischen und bedürfen vor ihrer Ausführung der Freigabe durch den Auftraggeber und stellen eine Besondere Leistung dar. Dies gilt gleichermaßen für Kernbohrarbeiten.

### 4.2.9 Anpassen von Anlagenteilen an nicht maßgerecht ausgeführte Leistungen anderer Unternehmer.

Vor Beginn der Montage hat der Auftragnehmer die baulichen Gegebenheiten auf Eignung für den Montagebeginn zu prüfen. Stellt er hierbei eine mangelhafte Ausführung von Leistungen anderer Gewerke oder Abweichungen von den vorgesehenen maßlichen Vorgaben fest, sollte er gemäß Abschnitt 3.1.4 Bedenken anmelden.

Wird beispielsweise aufgrund einer gegenüber der Ausführungsplanung veränderten Lage von Durchbrüchen eine Änderung der eigenen Leitungsführung erforderlich, so ist dies eine Besondere Leistung.

### 4.2.10 Anschlüsse, Wand- und Deckendurchführungen mit besonderen Anforderungen, z. B. an die Luftdichtheit, Gasdichtheit, Wasserdichtheit.

Werden bei Wand- und Deckendurchführungen besondere Anforderungen gestellt, handelt es sich um Besondere Leistungen. Die Abgrenzung zur Nebenleistung ist im Kommentar zu Abschnitt 4.1.5 beschrieben.

Anforderungen können sich zum Beispiel aus der EnEV (Luftdichtheit) oder durch wasserführende Schichten im Erdreich ergeben.

Der Verschluss von Leitungsdurchführungen durch Wände in angrenzende Bereiche hinein oder nach außen muss an die jeweils verwendeten Baumaterialien und die Konstruktion dieser Wände angepasst werden. Daher sind eine sorgfältige Planung und die genaue Beschreibung der Leistung erforderlich, weshalb der „luftdichte Anschluss“ als Besondere Leistung benannt wurde.

### 4.2.11 Rosetten an Wand- und Deckendurchführungen.

Rosetten decken Ungenauigkeiten an der Oberflächengestaltung von Durchbrüchen ab. Aus Sicht des Auftragnehmers ist die Aufführung von Rosetten aus zweierlei Gründen wichtig. Neben der Beschaffung in einer vom Auftraggeber gewünschten Form, Farbe und Materialqualität hat die Wahl von Rosetten Einfluss auf den Rohrabstand untereinander und zu anderen Hindernissen. Nur so kann verhindert werden, dass sich die Rosetten überschneiden. Bei Verwendung von Doppelrosetten ist der Rohrabstand sogar mit nur relativ geringer Toleranz vorgegeben.

**4.2.12** Besondere Befestigungskonstruktionen, z. B. Widerlager, Rohrleitungsfestpunkte, Rohrlager mit Gleit- oder Rollenelementen, Tragschalen, Stützgerüste.

Werden zur Befestigung von Bauteilen der Heizungsanlage aufgrund örtlicher Gegebenheiten oder spezieller Anforderungen des Auftraggebers besondere Konstruktionen benötigt, die über das übliche Maß hinausgehen, sind dies Besondere Leistungen. Beispielsweise können solche Leistungen das Herstellen von Unterkonstruktionen, Stützgerüsten etc. sein für:

- den Ausgleich von nicht ebenen Decken- oder Wandverläufen,
- die Verteilung von Lasten bei ungenügender Tragfähigkeit des zur Befestigung vorgesehenen Untergrundes,
- die Aufnahme der Lasten bei ungenügender Festigkeit des Untergrundes,
- die Umfahrung von Hindernissen, zum Beispiel Leitungen anderer Gewerke,
- Tragschalen bei Kunststoffleitungen,
- Aufnahmekonstruktionen zur Ableitung von Ausdehnungskräften.

**4.2.13** Funktions-, Bezeichnungs- und Hinweisschilder.

Aufgrund der vielfältigen Möglichkeiten zur Ausprägung von Funktions-, Bezeichnungs- und Hinweisschildern sowie deren Häufigkeit (Beispiel: Medien- und Fließrichtungshinweise) ist diese Leistung als Besondere Leistung gekennzeichnet. Der Auftraggeber wird so in die Lage versetzt, die Bauart der Beschilderung genau zu beschreiben und Vorgaben zu den Orten der Anbringung zu machen. Damit entfallen Missverständnisse zwischen der vom Auftragnehmer kalkulierten und der vom Auftraggeber gewünschten Art der Ausführung.

Typ- und Leistungsschilder nach Abschnitt 4.1.4 gelten als Nebenleistung. Diese werden werksseitig mit dem Produkt gestellt. Sollten seitens des Auftraggebers besondere Anforderungen an die Ausführung dieser Schilder gestellt werden, handelt es sich um Besondere Leistungen. Dies könnten zum Beispiel die Ausführung nach DIN 2403 oder besondere Ausstattungswünsche (gefräst, gedruckt, laminiert, ...) sein.

**4.2.14** Herstellen von Fundamenten für Pumpen, Behälter und sonstige Anlagenteile.

Sofern eine Vor-Ort-Fertigung der Fundamente und Sockel vorgesehen ist, werden diese in der Regel nicht vom Gewerk Heizung hergestellt. Hier hat der Auftragnehmer eine Mitwirkungspflicht gem. Abschnitt 3.1.2 im Sinne eines Informationsaustausches. Sollten diese Arbeiten durch den Auftragnehmer durchgeführt werden, handelt es sich um eine Besondere Leistung. Diese ist nach ATV DIN 18330 auszuschreiben. Alternativ können Kesselfundamente beispielsweise als industrielle Fertigteile als Besondere Leistung beim Auftragnehmer Heizung ausgeschrieben werden.

**4.2.15** Einbinden, Anschließen und Anbohren an bestehende Rohrleitungen, Schächte und Anlagenteile.

Das Anbinden an bestehende Rohrleitungen wird als Besondere Leistung eingestuft. Dies erklärt sich dadurch, dass neben eventuell notwendiger Formstücke, die gem. Abschnitt 5.2.1 aufzuführen sind, teilweise aufwändig angearbeitet werden muss.

**4.2.16** Prüfen der elektrischen Verkabelung und der Mess-, Steuer- und Regelanlage sowie Abstellen einer Fachkraft bei der Inbetriebnahme der Mess-, Steuer- und Regelanlage, wenn die Leistungen nicht vom Auftragnehmer ausgeführt wurden.

Schließt die Leistung des Auftragnehmers an eine bauseits erstellte Leistung an, hat der Auftragnehmer bei einer erkennbar mangelhaften Ausführung der Vorleistung Bedenken anzumelden. Eine umfängliche Prüfung der nicht selbst erbrachten Leistung ist damit nicht verbunden. Sollen durch andere Auftragnehmer erbrachte Leistungen wie die elektrische Verkabelung oder die MSR-Anlage, ggf. einschließlich der Funktionen, geprüft werden, ist dies eine Besondere Leistung. Gleiches gilt für das Beistellen eines fachlich entsprechend ausgebildeten Mitarbeiters, der beispielsweise für Koordinierungen zwischen den verschiedenen Gewerken oder für Inbetriebnahmen durch den Auftraggeber gewünscht wird.

**4.2.17** Liefern der für die Druckprüfung, die Inbetriebnahme und den Probebetrieb nötigen Betriebsstoffe und Medien.

Für eine ordnungsgemäße Inbetriebnahme ist es erforderlich, die Anlage in einen Zustand zu versetzen, der dem bestimmungsgemäßen Betrieb ähnlich ist. Dazu gehört ein Befüllen der Wasser führenden Systemteile mit entsprechend aufbereitetem Wasser, falls erforderlich auch mit Zusatz von Frostschutzmitteln. Art und Menge der Zusatzstoffe oder der sonstigen Maßnahmen zur Wasseraufbereitung müssen beschrieben sein, um vom Auftragnehmer kalkuliert werden zu können. Zu den Betriebsstoffen und Medien ist auch das Liefern von Trinkwasser als Grundlage für eine Befüllung der Anlage oder das Bereitstellen eines entsprechend dimensionierten Elektroanschlusses zu verstehen.

Dabei ist auf die Art der geplanten Wasserbeschaffenheit im Sinne von zum Beispiel VDI 2035 zu achten. Das Befüllen mit Frostschutzmittel für einen Probebetrieb kann, wenn der reguläre Betrieb ohne Frostschutzmittel geplant ist, problematisch sein. Ein Austausch des Anlagenwassers nach der Inbetriebnahme und vor Beginn des Regelbetriebs sollte vermieden werden.

**4.2.18** Leistungen für provisorische Maßnahmen zum Betreiben der Anlage oder von Anlagenteilen vor der Abnahme auf Anordnung des Auftraggebers, z. B. Belegreifheizen des Estrichs.

Der Betrieb von Anlagen oder Anlagenteilen vor der eigentlichen Abnahme sollte nur dann erfolgen, wenn durch diesen keine Beschädigungen oder Verunreinigungen der Installationen hervorgerufen werden können. Meist empfiehlt es sich, vor einer solchen Inbetriebnahme den Zustand der Anlage gemeinsam mit dem Auftragnehmer zu begutachten und das Ergebnis zu dokumentieren. Sollten während der Probebetriebes beispielsweise durch Malerarbeiten Verschmutzungen an Teilen des eigenen Gewerkes hervorgerufen werden, könnte dies nachgewiesen werden.

Falls eine Unterbrechung des Anlagenbetriebes zwischen dem vorzeitigen Betrieb und dem bestimmungsgemäßen Betrieb nach der Abnahme möglich ist, sind Maßnahmen zum Schutz der Anlage beispielsweise vor Korrosion, Verkeimung oder Frost zu treffen. Diese Maßnahmen müssen als Besondere Leistungen beschrieben sein. Dabei sollte der Wasseraustausch im Sinne von VDI 2035 vermieden werden (s. Abschnitt 4.2.17).

Werden für ein Betreiben von Anlagen oder Anlagenteilen vor der Abnahme provisorische Maßnahmen wie beispielsweise ein elektrischer Anschluss an die

Baustromversorgung oder eine mobile Wasseraufbereitungsanlage zum Befüllen der Anlage mit Betriebswasser erforderlich, sind dieses Besondere Leistungen.

**4.2.19** Betreiben der Anlagen oder von Anlagenteilen.

Ein Betreiben der Anlage oder von Anlagenteilen sollte außerhalb der Inbetriebnahme und des Probebetriebes erst nach der Abnahme erfolgen. Zu diesem Zeitpunkt ist der Betreiber in die Anlage eingewiesen und hat sämtliche Unterlagen, die zum Betreiben erforderlich sind, zur Verfügung.

Für ein vorzeitiges Betreiben von Anlagen oder Anlagenteilen können die bereits unter 4.2.18 gegebenen Hinweise gelten.

**4.2.20** Zusätzliche Druckprüfung sowie zusätzliches Füllen – auch mit Frostschutzmitteln – und Entleeren der Leitungen aus Gründen, die der Auftraggeber zu vertreten hat.

Bezüglich der „zusätzlichen" Druckprüfungen besteht ein gewisser Interpretationsspielraum. Typischerweise werden Druckprüfungen abschnittsweise erfolgen und in den Arbeitsablauf des Auftragnehmers integriert sein. Dabei handelt es sich um Nebenleistungen. Wenn Druckprüfungen an einzelnen Bauabschnitten dem Bauablauf geschuldet sind und nicht der typischen Durchführung des Heizungsgewerkes, handelt es sich um Besondere Leistungen. Dies kann zum Beispiel der Fall sein, wenn Verteilungsleitungen nicht strang-, sondern etagenweise abgedrückt werden, um dem nachrückenden Estrichlegerhandwerk Baufreiheit zu verschaffen.

**4.2.21** Besondere Prüfungen, z. B. Prüfung von Lötnähten, Schweißnähten, Luftdichtheit der Gebäudehülle.

Verlangt der Auftraggeber als Nachweis für eine korrekte Leistungserbringung besondere Prüfungen, sind dies Besondere Leistungen. Als Beispiel kann die zerstörungsfreie Prüfung von Schweißnähten genannt werden, die nach Art und Umfang zum Zeitpunkt der Kalkulation bereits bekannt sein muss.

Werden Überprüfungen der Leistungen anderer Auftragnehmer gewünscht, hierzu zählt auch eine Luftdichtheitsprüfung der Gebäudehülle, ist dies ebenfalls eine Besondere Leistung. Das Ausschreiben der Leistung ordnet diese eindeutig einem Gewerk zu und kann vom Auftragnehmer kalkuliert werden. Dabei ist beispielsweise zu beschreiben, ob eine ausschließliche Dichtheitsprüfung durchgeführt werden soll, oder auch mögliche Leckageorte aufgezeigt werden sollen.

### 4.2.22 Wasseranalysen und Gutachten.

Das Erstellen von Wasseranalysen, auf deren Grundlage zum Beispiel die Materialauswahl erfolgt oder eine mögliche Wasseraufbereitungsanlage konfektioniert und dimensioniert werden kann, sollte im Rahmen der Planungsleistung erfolgen. Dies gilt unabhängig von der Herkunft des Wassers, beispielsweise Trinkwasser oder Brunnenwasser aus eigener Förderung. Wird eine erneute Wasseranalyse nach der Auftragsvergabe und vor Montagebeginn gewünscht, muss dies im Leistungsverzeichnis beschrieben werden.

Sollte diese erneute Wasseranalyse vor Montagebeginn ergeben, dass einzelne oder alle eingesetzten Werkstoffe für die Wasserzusammensetzung nicht geeignet sind, sollte der Auftragnehmer Bedenken anmelden. In der Folge könnte eine Änderung der Wasseraufbereitung bei der Materialauswahl erfolgen.

### 4.2.23 Aufwendungen für vorgeschriebene anlagenspezifische, technische Abnahmeprüfungen.

Werden vom Auftragnehmer über die nach Abschnitt 3.3 „Anzeige, Erlaubnis, Genehmigung und Prüfung“ als Nebenleistung zu erbringenden Leistungen hinaus weitere Lieferungen und Leistungen gewünscht, sind diese als Besondere Leistung auszuschreiben. Ausdrücklich ist die Übernahme von Gebühren für behördliche vorgeschriebene Abnahmeprüfungen, beispielsweise durch Sachverständige, eine solche Besondere Leistung.

### 4.2.24 Wiederholtes Einweisen des Bedienungs- und Wartungspersonals (siehe Abschnitt 3.5.3).

Die einmalige Einweisung des Auftraggebers bzw. der von ihm zu benennenden Personen ist für einen sicheren und wirtschaftlichen Betrieb von Anlagen zwingend erforderlich. Daher ist diese Leistung nach Abschnitt 3.5.3 als Nebenleistung definiert.

Für den Fall, dass zwischen dem Zeitpunkt der Einweisung und dem tatsächlichen Betriebsbeginn das Betreiberpersonal wechselt oder der Auftraggeber ein mehrmaliges oder zusätzliches Einweisen von Personen in die Bedienung der Anlage wünscht, ist dies als Besondere Leistung auszuschreiben.

**4.2.25** **Funktionsmessung nach Abschnitt 3.6, einschließlich deren Dokumentation.**

Funktionsmessungen sind im Bereich Heizung eher unüblich. Teilweise werden sie im Bereich Kraft-Wärme-Kopplung genutzt. Diese Messungen sind Besondere Leistungen.

**4.2.26** **Erstellen von Bestandsplänen, Funktions- und Strangschemata.**

Bestandspläne im Sinne des Abschnittes 4.2.26 werden auf Grundlage der Ausführungspläne, die auf den „Stand der Ausschreibungsergebnisse" fortgeschrieben sind, erstellt und entsprechen den tatsächlich ausgeführten Leistungen. Gegenüber der Ausgabe VOB 2012 wurden hier die Funktions- und Strangschemata ergänzt.

Der Text wurde gleichlautend in die TGA-ATVen DIN 18379, DIN 18380 und DIN 18381 aufgenommen. Die in Abschnitt 0.2.21 aufgelisteten zu erstellenden und zu übergebenden Unterlagen können nicht umfänglich als Nebenleistung erwartet werden. Vielmehr sind die hier genannten Pläne und Schemata als Besondere Leistung nach Art und Inhalt im Leistungsverzeichnis zu beschreiben.

**4.2.27** **Dokumentation des hydraulischen Abgleichs mit Hilfe von Messgeräten und des Vergleichs mit den rechnerisch ermittelten Einstellungen nach Abschnitt 3.5.1.**

Der hydraulische Abgleich wird typischerweise berechnet und nicht messtechnisch überprüft. Sollte ein messtechnischer Nachweis gewünscht sein, handelt es sich um eine Besondere Leistung.

**4.2.28** **Spülen von Rohrleitungen und Anlagenteilen einschließlich deren Dokumentation, einschließlich der Gestellung der dazu erforderlichen Geräte und Betriebsstoffe.**

Das Spülen von Rohrleitungen kann nur grobe Verschmutzungen (Sand, Zunder, ...) entfernen. Es kann in Heizungsnetzen entbehrlich sein, wenn bei Transport und Montage der Bauteile keine Verunreinigungen in die Anlage eindringen können und wenn andere Maßnahmen zum Schutz von empfindlichen Einbauten getroffen werden (zum Beispiel Abscheider vor Pumpen oder Wärmeerzeugern).

Vor der Durchführung von Spülarbeiten müssen sowohl das Spülverfahren als auch Zusammensetzung des eingesetzten Spülwassers geklärt sein.

Der Vorgang des Spülens ist zeitaufwändig und wird deswegen als Besondere Leistung eingestuft.

**4.2.29** Bereitstellen von zusätzlichen Daten, die über die Angaben von VDI 3813[1)] und VDI 3814[1)] hinausgehen.

1) Autor: VDI – Gesellschaft Bauen und Gebäudetechnik, VDI-Platz 1, 40468 Düsseldorf, www.vdi.de. Zu beziehen durch: Beuth Verlag GmbH, 10772 Berlin, www.beuth.de.

Die Richtlinienreihen VDI 3813 „Gebäudeautomation – Raumautomationsfunktionen“ und VDI 3814 „Gebäudeautomation“ behandeln die Planung und Ausführung von Gebäudeautomationssystemen allgemein. Im Rahmen der Errichtung von Heizungsanlagen können beispielsweise Wärmeerzeuger zum Einsatz kommen, bei denen die MSR-Anlagen bereits integriert sind. In diesem Fall sind die entsprechenden Informationslisten durch den Auftragnehmer beizustellen, siehe auch Abschnitt 0.2.21. Werden darüber hinaus zusätzliche Angaben vom Auftraggeber gewünscht, sind diese ausführlich zu beschreiben und im Leistungsverzeichnis aufzuführen. Andernfalls ist eine Kalkulation der Leistung nicht möglich.

**4.2.30** Besondere Maßnahmen für den Brandschutz bei Schweiß- und Lötarbeiten, z. B. Stellen einer Brandwache.

Grundsätzlich handelt es sich bei Schweiß- und Lötarbeiten um gefahrgeneigte Tätigkeiten. Diese Absatz sorgt im Interesse des Auftragenehmers für die Klarstellung, dass die beschriebenen Maßnahmen durch den Auftraggeber auszuschreiben sind. Nur dieser kennt in der Ausschreibungsphase die Details der Baustelle und kann zuverlässig beurteilen, ob und welche Maßnahmen erforderlich sind.

**4.2.31** Besonderer Schutz von Bau- und Anlagenteilen sowie Einrichtungsgegenständen, z. B. Abkleben von Fenstern, Türen, Böden, Belägen, Treppen, Hölzern, Dachflächen, oberflächenfertigen Teilen, staubdichtes Abkleben von empfindlichen Einrichtungen und technischen Geräten, Staubschutzwände, Notdächer, Auslegen von Hartfaserplatten oder Bautenschutzfolien ab 0,2 mm Dicke.

Bei der nun in den drei TGA-ATVen aufgenommenen Formulierung handelt es sich um einen Standardsatz, der inhaltlich gleich in nahezu alle ATVen Eingang gefunden hat. Er findet sein Pendant in Abschnitt 4.1.7 und grenzt die als Nebenleistung zu erbringenden Leistungen gegen die Besonderen Leistungen ab.

**4.2.32** Fertigstellen von Bauteilen in mehreren Arbeitsgängen zur Ermöglichung von Arbeiten anderer Unternehmer, soweit die eigenen Leistungen nicht im Zuge gleichartiger Arbeiten kontinuierlich erbracht werden können (siehe Abschnitt 4.1.9).

Auch bei dieser Formulierung, die ebenfalls gleichlautend in den drei TGA-ATVen aufgenommen wurde, handelt es sich um einen Standardsatz, der vom Hauptausschuss Hochbau vorgegeben wurde. Die als Nebenleistung zu akzeptierenden Arbeitsunterbrechungen sind in Abschnitt 4.1.9 beschrieben. Eine besondere Vergütung für Arbeitsunterbrechungen ist insbesondere dann angezeigt, wenn die Baustelleneinrichtung oder die Qualifikation des Montagepersonals nicht dazu geeignet sind, kurzzeitig an anderer Stelle im Objekt tätig zu werden.

Der zusätzliche Auf- und Abbau von Montagehilfen oder Gerüsten aus Gründen, die der Auftragnehmer nicht selbst zu verantworten hat, stellt ebenfalls eine Besondere Leistung dar.

**4.2.33** Maßnahmen zum Schutz vor ungeeigneten Bedingungen, die sich aus der Witterung oder dem Raumklima ergeben, nach Abschnitt 3.1.5.

Hier wurde erneut ein Standardsatz entsprechend den Vorgaben des Hauptausschusses Hochbau verwendet. Die „ungeeigneten Bedingungen“ sind für jedes Gewerk separat zu betrachten und zu bewerten. Abschnitt 3.1.5 erwähnt beispielhaft den Einsatz von Kunststoffverbundrohren, der bei niedrigen Temperaturen nur eingeschränkt möglich ist. Sollen die Montagearbeiten trotz widriger Temperatur- oder Feuchtewerte durchgeführt werden, könnte beispielsweise eine vorübergehende, provisorische Beheizung des Montageortes erforderlich sein, was als Besondere Leistung zu beschreiben ist.

**4.2.34** Maßnahmen für den Brand-, Schall-, Wärme-, Feuchte- und Strahlenschutz, soweit diese über die Leistungen nach Abschnitt 3 hinausgehen.

Genau genommen werden in den Abschnitten 3.2.10 und 3.2.11 nur Ausführungshinweise für Dämmung, Brand- und Schallschutz gegeben. Maßnahmen zum Strahlenschutz werden dort nicht behandelt.

Sollen Leistungen über die nach Kapitel 3 beschriebenen Inhalte hinaus erbracht werden, bedürfen diese einer genauen Beschreibung im Leistungsverzeichnis. Insbesondere mögliche Maßnahmen hinsichtlich des Strahlenschutzes bedürfen in der Regel einer Fachplanung und können ohne eine umfängliche Beschreibung nicht kalkuliert werden.

**4.2.35** Reinigen des Untergrundes von grober Verschmutzung, z. B. Gipsreste, Mörtelreste, Farbreste, Öl, soweit diese nicht durch den Auftragnehmer verursacht wurde.

Jeder Auftragnehmer ist gehalten, eine Verschmutzung der Baustelle oder der Leistung anderer Gewerke nach Möglichkeit zu vermeiden. Entsprechend Abschnitt 4.1.11 der DIN 18299 hat er den Abfall sowie Verunreinigungen aus seinem Bereich zu entsorgen. Daher kann davon ausgegangen werden, dass die Baustelle in einem dem Bautenstand entsprechenden, sauberen Zustand vorgefunden wird.

Sollte vor der Montage eine Reinigung des Untergrundes von Verschmutzungen, die Dritte verursacht haben, erforderlich sein, ist dies eine Besondere Leistung. Die Reinigung ist insbesondere dann erforderlich, wenn die zu reinigende Fläche durch montierte Anlagen oder Anlagenteile zu einem späteren Zeitpunkt nicht mehr zugängig ist.

## 5 Abrechnung

Ergänzend zur ATV DIN 18299, Abschnitt 5, gilt:

Die ehemalige Gliederung des Abschnitts 5 war eher unübersichtlich und in den verschiedenen ATVen unterschiedlich gestaltet. So waren in 5.1 „Allgemeines" beispielsweise Abrechnungs- und Übermessungsregelungen oftmals vermengt oder gar nicht erst definiert.

Der Hauptausschuss Hochbau hat daher nach Aufforderung des Deutschen Vergabe- und Vertragsausschusses für Bauleistungen (DVA) eine Neugliederung des Abschnittes 5 vorgenommen. Hierbei war die Zielsetzung, die unterschiedliche Vorgehensweise aller ATVen der VOB Teil C hinsichtlich der Abrechnungs- und Übermessungsregeln formal anzugleichen und in eine einheitliche Struktur zu bringen.

Im Abschnitt 5.1 „Allgemeines" wird erläutert, was der Ermittlung der Leistung zugrunde zu legen ist, also z. B. die Maße der hergestellten Anlagen oder Anlagenteile oder die Maße der belegten Flächen.

Die Hinweise zur Anwendung der Übermessungsregeln und Einzelregelungen im Rahmen der Leistungsermittlung sind nun in den Abschnitten 5.3 sowie 5.4 aufgeführt.

### 5.1 Allgemeines

Der Ermittlung der Leistung – gleichgültig, ob sie nach Zeichnung oder nach Aufmaß erfolgt – sind zugrunde zu legen

- die Maße der hergestellten Anlagen oder Anlagenteile, Stücklisten dürfen hinzugezogen werden,
- für Flächenheizungen, z. B. Fußbodenheizungen, die nach Flächenmaß abgerechnet werden:
  - auf Flächen mit begrenzenden Bauteilen die Maße der belegten Flächen bis zu den sie begrenzenden, ungeputzten, ungedämmten, nicht bekleideten Bauteilen,
  - auf Flächen ohne begrenzende Bauteile die Maße der belegten Flächen.

Zur Leistungsermittlung sind die vereinfachenden Regeln, wie Übermessungsregeln und Einzelregelungen anzuwenden.

In diesem Abschnitt wird zunächst erläutert, was der Ermittlung der Leistung zugrunde gelegt wird, also die tatsächlich ausgeführten Arbeiten. Unterschieden wird dabei zwischen den Maßen der hergestellten Anlagen oder Anlagenteile (Stücklisten dürfen hinzugezogen werden) und Flächenheizungen, die nach Flächenmaß abgerechnet werden. Die Ermittlung der Leistung kann dabei nach Zeichnung oder Aufmaß vor Ort erfolgen.

Im Falle der Ermittlung nach Aufmaß sollten die aufgenommenen Mengen entsprechend dem Leistungsverzeichnis mit gleichlautendem Titel und Positionsnummern angegeben werden. Ausnahmen können bei geänderten und vertraglich neu vereinbarten Leistungen, welche im Nachgang zur Ausschreibung vereinbart wurden, auftreten. In diesem Fall sind die nachträglich formulierten Leistungen im Rahmen des Aufmaßes gesondert zu kennzeichnen. Bei der Leistungsermittlung vor Ort (Aufmaß) sollten die aufgenommenen Mengen durch Unterschrift des Auftraggebers oder dessen Bevollmächtigten auf dem Aufmaßblatt bestätigt werden.

Bei der Leistungsermittlung nach Zeichnung sollte der als Grundlage dienende Planstand vereinbart werden. Grundsätzlich bringt die Leistungsermittlung aus Zeichnungen den Vertragsparteien eine Abrechnungsvereinfachung, da hierbei Zeit- und Arbeitsaufwand für die Ermittlung der erbrachten Leistungen des Auftragnehmers reduziert werden (örtliches Aufmaß, Protokolle und Skizzen).

Bei der Ermittlung der Leistung nach Fläche (z. B. bei Wand- oder Fußbodenheizung) sind die Maße der zu belegenden Fläche anzusetzen und dies bis zu den Bauteilen, die sie umgeben (Nennmaße nach DIN 4172). Hierbei werden weder mögliche Bekleidungen oder Putz, noch Wärmedämmungen mit einbezogen. Diese werden übermessen. Bei der Verlegung auf Flächen, die nicht von Bauteilen begrenzt sind, gelten die Maße der belegten Flächen (z. B. offener Durchgang zweier Räume).

## 5.2 Ermittlung der Maße/Mengen

In Kapitel 5.2 wird erläutert, welche Maße bzw. Mengen der Abrechnung zugrunde zu legen sind.

Der Abschnitt 5.2 steht dabei in direktem Zusammenhang mit dem Abschnitt 0.5, in dem festgelegt ist, welche Abrechnungseinheiten mit Längenmaß und welche nach Anzahl und Stück abgerechnet werden.

**5.2.1** Bei Abrechnung nach Längenmaß werden Rohrleitungen in der Mittelachse gemessen. Dabei werden Rohrbögen bis zum Schnittpunkt der Mittelachsen gemessen. Armaturen, Rohrbögen und Formstücke werden zusätzlich gerechnet.

In Abschnitt 5.2.1 wird aufgeführt, welche Maße und Mengen bzw. in welcher Form ein Bauteil für die Ermittlung der Abrechnungsmenge berücksichtigt werden darf.

So gilt auch weiterhin, dass bei Abrechnung nach Längenmaß die Rohrleitungen in der Mittelachse gemessen werden müssen. Dabei werden Bögen stets am Schnittpunkt der Mittelachse gemessen. Übermessungsregeln sind in Abschnitt 5.3 beschrieben. Dies gilt hierbei sowohl für Fittings als auch für handwerklich gefertigte Formstücke. In der Installation verwendete Armaturen (z. B. Ventile und Mischarmaturen), Pumpen und Formstücke (z. B. Reduzierungen, Abzweige, T-Stücke) werden zunächst übermessen, zusätzlich aber auch als Einzelbauteile aufgenommen. Dies wurde nun explizit auch für Rohrbögen klargestellt. Hingegen dürfen eingesetzte Apparate (z. B. Wärmemengenzähler oder Wärmeübertrager) nicht übermessen werden. Auch für die Armaturen, Pumpen, Rohrbögen und Formstücke gilt, dass diese getrennt nach ihrer Art, der Nennweite sowie sonstigen vorgegebenen Kriterien zu ermitteln und abzurechnen sind.

Eine weitere Besonderheit stellen bei der Ermittlung des Längenmaßes die T-Stücke dar, die eine Abzweigung an eine bestehende Verbindung aufweisen. Zur Längenermittlung des Abzweiges wird der Schnittpunkt zwischen der Mittelachse des Durchgangs und der Mittelachse des Abzweiges herangezogen und von diesem Punkt aus gemessen.

**5.2.2** Bei Abrechnung nach Masse ist diese nach folgenden Grundsätzen zu berechnen:

Der Abschnitt 5.2.2 definiert Vorgaben für eine Abrechnung nach Masse.

**5.2.2.1** Es sind anzusetzen:

- bei Stahlblechen und Bandstahl 7,85 kg/m² je 1 mm Dicke,
- bei genormten Profilen die Masse nach den Angaben in den DIN-Normen,
- bei anderen Profilen die Masse nach den Angaben in den Profilbüchern der Hersteller.

Die Gewichtsangabe für Stahlbleche und Bandstähle wurde im Vergleich zur Ausgabe 2012 von 8,00 kg/m² je 1 mm Dicke auf 7,85 kg/m² je 1 mm Dicke geändert. Grund hierfür ist eine Angleichung an die Norm für Metallbauarbeiten ATV DIN 18360. Dieser Wert basiert auf der Dichte eines Stahls von 7,85 kg/dm³ und einem Volumen von 1 dm³ (Platte von 1 m² Fläche und einer Stärke von 1 mm).

Der Aufschlag von 2 % für Walztoleranzen für genormte Profile ist entfallen. Er ist in die Einheitspreise einzukalkulieren und bleibt bei der Ermittlung der Abrechnungsmasse unberücksichtigt. Für genormte Profile ist die errechnete Masse nach den einschlägigen DIN-Normen maßgebend, bei allen weiteren Profilen die Masse der Bauteile nach dem Profilbuch des Herstellers.

**5.2.2.2** Bei der Berechnung der Masse bleiben unberücksichtigt: Verbindungsmittel, z. B. Schrauben, Niete, Schweißgut.

Eine weitere Änderung ergibt sich hinsichtlich der Verbindungsarten von Stahlkonstruktionen. Wurde in der Ausgabe 2012 noch gefordert, dass bei geschraubten, geschweißten oder genieteten Konstruktionen der nach 5.2.2.1 ermittelten Masse 2 % für die Verbindungsmittel aufgeschlagen werden, ist diese Regelung inzwischen entfallen. Kosten für Verbindungsmittel sind in die Einheitspreise einzukalkulieren. Jegliche Verbindungsmittel bleiben bei der Ermittlung der Masse unberücksichtigt.

**5.2.2.3** Bei verzinkten Bauteilen oder verzinkten Konstruktionen werden zu den Massen, die nach den zuvor genannten Grundsätzen ermittelt wurden, 5 % aufgrund der Gewichtszunahme durch das Verzinken zugeschlagen.

Weiterhin Bestand hat die Regelung, für verzinkte Bauteile oder Konstruktionen, die nach den zuvor genannten Grundsätzen ermittelten wurden, auf die Massen 5 % für das höhere Gewicht durch die Verzinkung aufzuschlagen. Der klärende Zusatz, dass dies aufgrund der Gewichtszunahme des Verzinkens geschieht, wurde ergänzt.

### 5.3 Übermessungsregeln

Übermessen werden:

Im Abschnitt 5.3 wird definiert, welche Bauteile und welche Flächen übermessen werden. Die Übermessungsregelung zielt in erster Linie auf eine Vereinfachung der Abrechnung ab, denn bei der Bildung des Einheitspreises muss der Auftragnehmer zu übermessende Leistungen berücksichtigen.

Durch die klaren Übermessungsregeln hat er alle notwendigen Informationen darüber, welche Bauteile, da sie später übermessen werden, berücksichtigt werden müssen und welche unberücksichtigt bleiben können, weil sie später bei der Abrechnung in Abzug gebracht werden.

**5.3.1** Bei Abrechnung nach Flächenmaß

- bei Fußbodenheizungen Aussparungen ≤ 2,5 m².

**5.3.2** Bei Abrechnung nach Längenmaß

- Armaturen,
- Rohrbögen,
- Form-, Pass- und Verbindungsstücke.

Die Übermessungsregeln wurden aus der Fassung 2012 inhaltlich gleich übernommen, nun jedoch erstmalig als eigenständiger Punkt in die DIN 18380 aufgenommen. Sie erlauben es, bei der Abrechnung nach Längenmaß Armaturen, Rohrbögen sowie Form-, Pass- und Verbindungsstücke bei der Ermittlung der erbrachten Leistung zu übermessen. Ebenso dürfen bei Fußbodenheizungen Aussparungen ≤ 2,5 m² (z. B. unter einer Badewanne) übermessen werden. Dies gilt ausdrücklich nicht für andere Arten der Flächenheizung.

Pumpen werden ebenfalls übermessen.

Grundsätzlich handelt es sich um eine Positivliste, die angibt, welche Einbauteile übermessen werden dürfen. Damit sind zum Beispiel Speicher eindeutig nicht zu übermessen. Weitere Bauteile, wie zum Beispiel Filter oder Wärmemengenzähler, werden nicht ausdrücklich erwähnt.

Um dem Gedanken der Aufmaßvereinfachung Rechnung zu tragen, sollte so vorgegangen werden, dass Einbauteile, die direkt im Wasserweg liegen und als verlängertes Rohr interpretiert werden können, übermessen werden dürfen. Damit dürfen Wärmemengenzähler und Filter übermessen werden. Wärmeübertrager oder Pufferspeicher, die mehrseitig angeschlossen sind und keinen klaren Durchgang haben, werden nicht übermessen. Mischer hingegen können wie ein T-Stück übermessen werden.

Die nachfolgende Abbildung soll beispielhaft darstellen, welche Vorgaben beim Aufmaß von Heizungsrohrleitungen zu beachten sind.

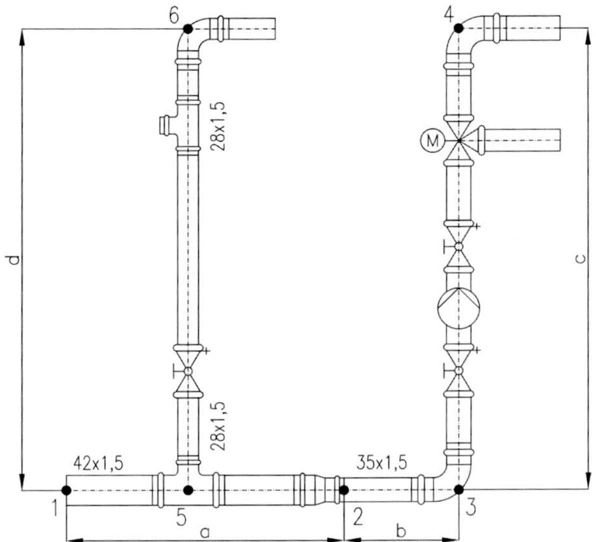


**Teilstrecke a** (von 1–2): T-Stück sowie Reduzierung werden übermessen (alles als 42er Kupferrohr). Hinter der Reduzierung wird die Aufnahme des Längenmaßes in der kleineren Dimension (mit 35er Kupferrohr) fortgesetzt.

**Teilstrecke b** (von 2–3): Erfasst wird die Strecke ab dem Ende der Reduzierung bis zum Bogen (Schnittpunkt beider Rohrmittelachsen)

**Teilstrecke c** (von 3–4): Gemessen wird von Mitte Bogen nach Mitte Bogen (vom Schnittpunkt beider Rohrmittelachsen bis zum Schnittpunkt beider Rohrmittelachsen). Die dargestellten Ventile, sowie Pumpe und Mischer, werden übermessen.

**Teilstrecke d** (5–6): Startpunkt der Bemessung ist der Schnittpunkt der Mittelachsen am T-Stück 42-28-42. Gemessen wird über das T-Stück 28-22-28 hinweg bis zur Mitte von Bogen (6) (Schnittpunkt beider Rohrmittelachsen). Das T-Stück 28-22-28 wird dabei übermessen.

**Zusätzliche Berechnung nach Dimension, Typ und Anzahl:**

✓ T-Stücke

✓ Absperrventile

✓ Bögen

✓ Reduzierung

✓ Pumpe

✓ Mischer

Bildquelle: Annette Bothing (Olaf Heinecke Beratende Ing.-GmbH)

**Abbildung:** Beispiel Übermessungsregeln

## 5.4 Einzelregelungen

Keine Regelungen.

In der ATV DIN 18380 sind keine Einzelregelungen aufgenommen worden.

# Anhang: Gegenüberstellung ATV DIN 18380 aus VOB 2016 und 2012

**Hinweis:** Abschnitte, die mit wenigen Änderungen in die VOB 2016 übernommen wurden, sind in der folgenden Aufstellung auf gleicher Höhe aufgeführt. Abschnitte, die deutlich geändert wurden oder für die kein vergleichbarer Abschnitt existiert, werden einzeln aufgeführt. Die Reihenfolge wird durch die VOB 2016 vorgegeben. Wichtige Änderungen, die sich durch die Änderung einzelner Worte ergeben, wurden **gefettet**. Änderungen, die vom Autor im Wesentlichen als redaktionell eingestuft wurden, wurden nicht gekennzeichnet. Fußnoten mit Bezugsquellen wurden nicht übernommen, um die Übersicht zu wahren.

| | 2016 | | 2012 |
|---|---|---|---|
| **0** | Hinweise für das Aufstellen der Leistungsbeschreibung<br>Diese Hinweise ergänzen die ATV DIN 18299 „Allgemeine Regelungen für Bauarbeiten jeder Art“, Abschnitt 0. Die Beachtung dieser Hinweise ist Voraussetzung für eine ordnungsgemäße Leistungsbeschreibung gemäß §§ 7 ff., §§ 7 EU ff. beziehungsweise §§ 7 VS ff. VOB/A.<br>Die Hinweise werden nicht Vertragsbestandteil.<br>In der Leistungsbeschreibung sind nach den Erfordernissen des Einzelfalls insbesondere anzugeben: | **0** | Hinweise für das Aufstellen der Leistungsbeschreibung<br>Diese Hinweise ergänzen die ATV DIN 18299 „Allgemeine Regelungen für Bauarbeiten jeder Art“, Abschnitt 0. Die Beachtung dieser Hinweise ist Voraussetzung für eine ordnungsgemäße Leistungsbeschreibung gemäß § 7, § 7 EG bzw. § 7 VS VOB/**A**.<br>Die Hinweise werden nicht Vertragsbestandteil.<br>In der Leistungsbeschreibung sind nach den Erfordernissen des Einzelfalls insbesondere anzugeben: |
| **0.1** | Angaben zur Baustelle | **0.1** | Angaben zur Baustelle |
| **0.1.1** | Hauptwindrichtung | **0.1.1** | Hauptwindrichtung. |
| **0.1.2** | Ausbildung von Baugruben. | **0.1.2** | Ausbildung von Baugruben. |
| **0.1.3** | Bebauung der Umgebung. | **0.1.3** | Bebauung der Umgebung. |
| **0.1.4** | Art der Abdichtung von Bauwerken und Bauwerksteilen, z. B. Wannenausbildung von Kellern. | **0.1.4** | Art der Abdichtung von Bauwerken und Bauwerksteilen, z. B. Wannenausbildung von Kellern. |
| **0.1.5** | Aufbau der Fußboden- und Dachkonstruktion, Dämmung und Abdichtung. | **0.1.5** | Aufbau der Fußboden- und Dachkonstruktion, Dämmung und Abdichtung. |
| **0.1.6** | Art und Umfang der Schutzmaßnahmen entsprechend VDE-Bestimmungen. | **0.1.6** | Art und Umfang der Schutzmaßnahmen gemäß VDE-Richtlinien. |

| | 2016 | | 2012 |
|---|---|---|---|
| **0.1.7** | Art, Lage, Maße und Ausbildung sowie Termine des Auf- und Abbaus von bauseitigen Gerüsten. | **0.1.7** | Art, Lage, Maße und Ausbildung sowie Termine des Auf- und Abbaus von bauseitigen Gerüsten. |
| **0.2** | Angaben zur Ausführung | **0.2** | Angaben zur Ausführung |
| **0.2.1** | Anzahl, Art, Lage, Maße, Stoffe und Ausbildung der herzustellenden Anlagen. | **0.2.1** | Anzahl, Art, Lage, Maße, Stoffe und Ausbildung der herzustellenden Anlagen. |
| **0.2.2** | Umfang der vom Auftragnehmer vorzunehmenden Installation der anlageninternen elektrischen Leitungen einschließlich Auflegen auf die Klemmen. | **0.2.2** | Umfang der vom Auftragnehmer vorzunehmenden Installation der anlageninternen elektrischen Leitungen einschließlich Auflegen auf die Klemmen. |
| **0.2.3** | Art und Bedarfe, z. B. thermischer Energiebedarf, anderer, nicht zur vertraglichen Leistung gehörender Komponenten. | **0.2.3** | Art und Wärmebedarf anderer, nicht zur vertraglichen Leistung gehörender Wärmeverbraucher. |
| **0.2.4** | Geforderte Druckstufen für Anlagenteile. | **0.2.4** | Geforderte Druckstufen für Anlagenteile. |
| **0.2.5** | Beibringen von Genehmigungen, Prüfungen und Abnahmen, z. B. Behälterprüfungen nach der Betriebssicherheitsverordnung (BetrSichV). | **0.2.5** | Beibringen von Genehmigungen, Prüfungen und Abnahmen, z. B. Behälterprüfungen nach der Betriebssicherheitsverordnung (BetrSichV). |
| **0.2.6** | Zerstörungsfreie Prüfungen bei Hochdruckleitungen und schwer zugänglichen Leitungen. | **0.2.6** | Zerstörungsfreie Prüfungen bei Hochdruckleitungen und schwer zugänglichen Leitungen. |
| **0.2.7** | Anzahl, Art und Maße von Mustern und Musterkonstruktionen. Ort der Anbringung. | **0.2.7** | Anzahl, Art und Maße von Mustern und Musterkonstruktionen. Ort der Anbringung. |
| **0.2.8** | Art und Umfang von Leistungen für den Winterbau. | **0.2.8** | Art und Umfang von Winterbaumaßnahmen. |
| **0.2.9** | Schutz von Bau- und Anlagenteilen, Einrichtungsgegenständen und dergleichen. | **0.2.9** | Schutz von Bau- und Anlagenteilen, Einrichtungsgegenständen und dergleichen. |

| | 2016 | | 2012 |
|---|---|---|---|
| **0.2.10** | Minderung der Wärmeleistung der Raumheizflächen durch Heizkörperverkleidungen oder sonstige Maßnahmen | **0.2.10** | Minderung der Wärmeleistung der Raumheizflächen durch Heizkörperverkleidungen oder sonstige Maßnahmen. |
| **0.2.11** | Besondere Anforderungen an Wand- und Deckendurchführungen. | **0.2.11** | Besondere Anforderungen an Wand- und Deckendurchführungen. |
| **0.2.12** | Anforderungen an den Brand-, Schall-, Wärme-, Feuchte- und Strahlenschutz, Energieeffizienz sowie an die Luftdichtheit der Gebäudehülle.<br>Art und Umfang erforderlicher Leistungen. | **0.2.12** | Anforderungen an den Brand-, Schall-, Wärme-, Feuchte- und Strahlenschutz sowie an die Luftdichtheit der Gebäudehülle. |
| **0.2.13** | Anforderungen an die auf den Rohfußboden zu verlegenden Leitungen. | **0.2.13** | Anforderungen an die auf den Rohfußboden zu verlegenden Leitungen. |
| **0.2.14** | Art und Umfang von Leistungen zur Schaffung von Zonen mit unterschiedlichen raumklimatischen Anforderungen. | | |
| **0.2.15** | Anforderungen an die Wärmedämmung der auf dem Rohfußboden verlegten Leitungen. | **0.2.14** | Anforderungen an die Wärmedämmung der auf dem Rohfußboden verlegten Leitungen. |
| **0.2.16** | Besondere physikalische und chemische Beanspruchungen, denen Stoffe und Bauteile nach dem Einbau ausgesetzt sind. | **0.2.15** | Besondere physikalische und chemische Beanspruchungen, denen Stoffe und Bauteile nach dem Einbau ausgesetzt sind. |
| **0.2.17** | Art und Umfang von Korrosionsschutzmaßnahmen (siehe Abschnitte 2.1 und 3.1.1) und Maßnahmen zur Vermeidung von Steinbildung (siehe Abschnitt 3.1.1). | **0.2.16** | Art und Umfang von Korrosionsschutzmaßnahmen (siehe Abschnitte 2.1 und 3.1.1). |

| | 2016 | | 2012 |
|---|---|---|---|
| 0.2.18 | Art und Umfang der Kennzeichnung von Rohrleitungen. | 0.2.17 | Art und Umfang der Kennzeichnung von Rohrleitungen. |
| 0.2.19 | Art und Umfang von Provisorien, z. B. vorübergehende Versorgung durch eine transportable Heizzentrale, Bereitstellung von Brennstoff, Bedienungspersonal. | 0.2.18 | Art und Umfang von Provisorien, z. B. vorübergehende Versorgung durch eine transportable Heizzentrale, Bereitstellung von Brennstoff, Bedienungspersonal. |
| 0.2.20 | Vorgezogenes oder nachträgliches Herstellen von Teilen der Leistung. Zeitpunkte der – gegebenenfalls stufenweisen – Fertigstellung und Inbetriebnahme. | 0.2.37 | Vorgezogenes oder nachträgliches Herstellen von Teilen der Leistung. |
| | | 0.2.19 | Zeitpunkte der – gegebenenfalls stufenweisen – Inbetriebnahme. |
| 0.2.21 | Schnittstellen zu anderen Gewerken. | | |
| 0.2.22 | Angaben zur Gebäudeautomation, z. B. Schnittstellen, Schnittstellendefinition. | | |
| | | 0.2.20 | Vorgaben zur Aufschaltung auf die Gebäudeautomation. |
| 0.2.23 | Art und Umfang von Leistungen zur gewerkeübergreifenden Inbetriebnahme. | | |
| 0.2.24 | Durchführung von Funktionsmessungen. | 0.2.21 | Durchführung von Funktionsmessungen. |

| | 2016 | | 2012 |
|---|---|---|---|
| **0.2.25** | Art und Umfang der bereit zu stellenden und zu übergebenden Unterlagen vor der Montage bzw. zur Bestandsdokumentation, z. B.<br>– Funktions- und Strangschemata,<br>– Bestandspläne der errichteten Anlagen,<br>– Stückliste, enthaltend alle Mess-, Steuerungs- und Regelgeräte (MSR),<br>– Stromlaufplan und gegebenenfalls Funktionsplan der Steuerung nach DIN EN 60848 „GRAFCET, Spezifikationssprache für Funktionspläne der Ablaufsteuerung“,<br>– Funktionsbeschreibung unter Einbeziehung der Regelung mit Darstellung der Regelschemata,<br>– Protokolle über die im Rahmen der Einregulierungsarbeiten durchgeführten endgültigen Einstellungen und Messungen,<br>– Ersatzteillisten,<br>– Berechnung des Energiebedarfs,<br>– **Berechnung der Netze und Einstellwerte,**<br>– Diagramme und Kennlinienfelder,<br>– Informationslisten bei MSR-Anlagen in DDC-Technik (siehe Richtlinien der Reihe VDI 3814 „Gebäudeautomation (GA)“). | **0.2.22** | Art und Umfang der zu liefernden Unterlagen, z. B.:<br>– Strangschemata zu den Anlagenschemata,<br>– Bestandspläne,<br>– Stückliste, enthaltend alle Mess-, Steuerungs- und Regelgeräte (MSR),<br>– Stromlaufplan und gegebenenfalls Funktionsplan der Steuerung nach DIN EN 60848 „GRAFCET – Spezifikationssprache für Funktionspläne der Ablaufsteuerung“,<br>– Funktionsbeschreibung unter Einbeziehung der Regelung mit Darstellung der Regelschemata,<br>– Protokolle über die im Rahmen der Einregulierungsarbeiten durchgeführten endgültigen Einstellungen und Messungen,<br>– Ersatzteilliste,<br>– Berechnung des Energiebedarfs,<br>– Diagramme und Kennlinienfelder,<br>– Informationslisten bei MSR-Anlagen in DDC-Technik (siehe Richtlinien der Reihe VDI 3814 „Gebäudeautomation (GA)“). |

| | 2016 | | 2012 |
|---|---|---|---|
| **0.2.26** | Art, Verfahren und Umfang des Spülens von Rohrleitungen. | **0.2.23** | Art, Verfahren und Umfang des Spülens von Rohrleitungen. |
| **0.2.27** | Angebot eines **Instandhaltungs-** bzw. Wartungsvertrages. | **0.2.24** | Angebot eines Wartungsvertrages. |
| **0.2.28** | Art und Umfang der dem Auftragnehmer für die Beurteilung und Ausführung der Anlage zu liefernden Planungsunterlagen und Berechnungen. | **0.2.25** | Art und Umfang der dem Auftragnehmer für die Beurteilung und Ausführung der Anlage zu liefernden Planungsunterlagen und Berechnungen. |
| **0.2.29** | Möglichkeiten zur Aufnahme von Kräften **hängender** Bauteile und Apparate. | **0.2.26** | Möglichkeiten zur Aufnahme von Kräften **wandhängender** Bauteile und Apparate in Wände. |
| **0.2.30** | Art und Umfang von Zustandsprüfungen vorhandener Rohrleitungen und Anlagenteile. | **0.2.27** | Art und Umfang von Zustandsprüfungen vorhandener Rohrleitungen und Anlagenteile. |
| **0.2.31** | Beschaffenheit des Füllwassers. | **0.2.28** | Beschaffenheit des Füllwassers. |
| **0.2.32** | Bauteilfertigung nach Ausführungsplan oder nach örtlichem Aufmaß. | **0.2.29** | Bauteilfertigung nach Ausführungsplan oder nach örtlichem Aufmaß. |
| **0.2.33** | Art, Beschaffenheit und Festigkeit des Untergrundes, z. B. Stahl, Beton, verputztes oder unverputztes Mauerwerk, Holz. | **0.2.30** | Art, Beschaffenheit und Festigkeit des Untergrundes, z. B. Stahl, Beton, verputztes oder unverputztes Mauerwerk, Holz. |
| **0.2.34** | Anzahl, Art, Maße und Ausbildung von Abschlüssen und Anschlüssen an angrenzende Bauteile, z. B. luftdichte Anschlüsse. | **0.2.31** | Anzahl, Art, Maße und Ausbildung von Abschlüssen und Anschlüssen an angrenzende Bauteile, z. B. luftdichte Anschlüsse. |
| **0.2.35** | Art, Lage, Maße und Ausbildung von Bewegungs-, Bauwerks- und Bauteilfugen. | **0.2.32** | Art, Lage, Maße und Ausbildung von Bewegungs- und Bauwerksfugen. |

| | 2016 | | 2012 |
|---|---|---|---|
| **0.2.36** | Anzahl, Art, Lage und Maße von herzustellenden oder zu schließenden Aussparungen. | **0.2.33** | Anzahl, Art, Lage und Maße von herzustellenden oder zu schließenden Aussparungen. |
| **0.2.37** | Anzahl, Art, Lage, Maße und Massen von Installations- und Einbauteilen. | **0.2.34** | Anzahl, Art, Lage, Maße und Massen von Installations- und Einbauteilen. |
| **0.2.38** | Gestaltung und Einteilung von Flächen sowie Raster- und Fugenausbildung. | **0.2.35** | Gestaltung und Einteilung von Flächen sowie Raster- und Fugenausbildung. |
| **0.2.39** | Anzahl, Art, Lage, Maße und Beschaffenheit von geneigten, gebogenen oder andersartig geformten Flächen. | **0.2.36** | Anzahl, Art, Lage, Maße und Beschaffenheit von geneigten, gebogenen oder andersartig geformten Flächen. |
| **0.3** | Einzelangaben bei Abweichungen von den ATV | **0.3** | Einzelangaben bei Abweichungen von den ATV |
| **0.3.1** | Wenn andere als die in dieser ATV vorgesehenen Regelungen getroffen werden sollen, sind diese in der Leistungsbeschreibung eindeutig und im Einzelnen anzugeben. | **0.3.1** | Wenn andere als die in dieser ATV vorgesehenen Regelungen getroffen werden sollen, sind diese in der Leistungsbeschreibung eindeutig und im Einzelnen anzugeben. |
| **0.3.2** | Abweichende Regelungen können insbesondere in Betracht kommen bei | **0.3.2** | Abweichende Regelungen können insbesondere in Betracht kommen bei<br>Abschnitt 3.2.7, wenn die Verlegung von Rohrleitungen im Erdreich nicht in Anlehnung an die DIN EN 1610 „Verlegung und Prüfung von Abwasserleitungen und -kanälen“, sondern auf andere Art erfolgen soll, |

| | 2016 | | | 2012 | |
|---|---|---|---|---|---|
| | | | | Abschnitt 3.2.8, | wenn Armaturen mit gleichen Funktionen nicht typengleich ausgeführt zu werden brauchen, sondern andere Kriterien für deren Auswahl maßgebend sein sollen, |
| | | | | Abschnitt 3.2.10.1, | wenn die Wärmeleistung der Raumheizflächen nicht auf die Heizlast nach DIN EN 12831 „Heizungsanlagen in Gebäuden – Verfahren zur Berechnung der Norm-Heizlast“ ausgelegt werden soll, |
| | Abschnitt 3.7, | wenn die geforderten Unterlagen nicht in 3-facher Ausfertigung in Papierform und in deutscher Sprache geliefert werden sollen, sondern in größerer Stückzahl oder in anderer Form auszuhändigen sind, z. B. Zeichnungen unter Glas, auf Datenträger. | | Abschnitt 3.7, | wenn die geforderten Unterlagen nicht in 3-facher Ausfertigung schwarzweiß oder Zeichnungen auch in einfacher Ausfertigung pausfähig geliefert werden sollen, sondern in größerer Stückzahl oder in anderer Form auszuhändigen sind, z. B. Zeichnungen farbig angelegt, unter Glas, auf Datenträger. |

| | 2016 | | 2012 |
|---|---|---|---|
| **0.4** | Einzelangaben zu Nebenleistungen und Besonderen Leistungen<br>Keine ergänzende Regelung zur ATV DIN 18299, Abschnitt 0.4. | **0.4** | Einzelangaben zu Nebenleistungen und Besonderen Leistungen<br>Keine ergänzende Regelung zur ATV DIN 18299, Abschnitt 0.4. |
| **0.5** | Abrechnungseinheiten<br>Im Leistungsverzeichnis sind die Abrechnungseinheiten wie folgt vorzusehen: | **0.5** | Abrechnungseinheiten<br>Im Leistungsverzeichnis sind die Abrechnungseinheiten wie folgt vorzusehen: |
| **0.5.1** | Flächenmaß ($m^2$), getrennt nach Art, Aufbau und mittlerem Verlegeabstand, für Flächenheizungen, z. B. Fußbodenheizungen. | **0.5.1** | Flächenmaß ($m^2$), getrennt nach Art, Aufbau und mittlerem Verlegeabstand, für Flächenheizungen, z. B. Fußbodenheizungen. |
| **0.5.2** | Längenmaß (m), getrennt nach Art und Maßen, für<br>– Rohrleitungen,<br>– Befestigungsschienen,<br>– Spülen von Rohrleitungen. | **0.5.2** | Längenmaß (m), getrennt nach Art und Maßen, für<br>– Rohrleitungen,<br>– Befestigungsschienen,<br>– Spülen von Rohrleitungen. |
| **0.5.3** | Anzahl (St), getrennt nach Art und Maßen, für<br>– Rohrbögen, Formstücke und Befestigungselemente einschließlich Schweiß-, Löt- und Dichtungsstoffe in Rohrleitungen,<br>– Verbindungselemente, z. B. Manschetten, Verschraubungen, Flanschverbindungen, | **0.5.3** | Anzahl (Stück), getrennt nach Art und Maßen, für<br>– Rohrbögen, Formstücke und Befestigungselemente einschließlich Schweiß-, Löt- und Dichtungsstoffe in Rohrleitungen,<br>– Verbindungselemente, z. B. Manschetten, Verschraubungen, Flanschverbindungen, |

| | 2016 | | 2012 |
|---|---|---|---|
| | – Wand- und Deckendurchführungen mit besonderen Anforderungen, z. B. luftdicht oder gasdicht,<br>– Einzelbefestigungen für Rohrleitungen, Tragkonstruktionen, Festpunkte,<br>– Apparate, Verteiler, Sammler,<br>– Wärmeerzeuger, Wassererwärmer, Abgasanlagen, Regelungen,<br>– Heizflächen aller Art,<br>– Abnehmen, Wiederaufstellen und Wiederanschließen schon montierter Heizflächen,<br>– Funktions-, Bezeichnungs- und Hinweisschilder,<br>– Bauteile mit besonderen Anforderungen an den Schallschutz, z. B. an die Körperschalldämmung,<br>– Bauteile für Brandschutzmaßnahmen,<br>– alle übrigen Teile, wie<br>• Einrichtungen zur Regelung und Anzeige von Temperatur, Druck, Wasserstand und dergleichen,<br>• Sicherheitseinrichtungen für Temperatur, Druck, Wasserstand und dergleichen,<br>– Pumpen und Armaturen. | | – Wand- und Deckendurchführungen mit besonderen Anforderungen, z. B. luftdicht oder gasdicht,<br>– Einzelbefestigungen für Rohrleitungen, Tragkonstruktionen, Festpunkte,<br>– Apparate, Verteiler, Sammler,<br>– Wärmeerzeuger, Wassererwärmer, Abgasanlagen, Regelungen,<br>– Liefern, Aufstellen und Anschließen von Heizflächen aller Art,<br>– Abnehmen, Wiederaufstellen und Wiederanschließen schon montierter Heizflächen,<br>– Funktions-, Bezeichnungs- und Hinweisschilder,<br>– Bauteile mit besonderen Anforderungen an den Schallschutz, z. B. an die Körperschalldämmung,<br>– Bauteile für Brandschutzmaßnahmen,<br>– alle übrigen Teile, wie<br>• Einrichtungen zur Regelung und Anzeige von Temperatur, Druck, Wasserstand und dergleichen,<br>• Sicherheitseinrichtungen für Temperatur, Druck, Wasserstand und dergleichen,<br>– Pumpen und Armaturen. |

| | 2016 | | 2012 |
|---|---|---|---|
| **0.5.4** | Masse (kg, t), getrennt nach Art und Maßen, für<br>1. besondere Befestigungskonstruktionen, z. B. Tragkonstruktionen, Festpunkte,<br>2. Frostschutzmittel,<br>3. organische Wärmeträger. | **0.5.4** | Masse (kg, t), getrennt nach Art und Maßen, für<br>– besondere Befestigungskonstruktionen, z. B. Tragkonstruktionen, Festpunkte,<br>– Frostschutzmittel,<br>– organische Wärmeträger. |
| **1** | Geltungsbereich | **1** | Geltungsbereich |
| **1.1** | Die ATV DIN 18380 „Heizanlagen und zentrale Wassererwärmungsanlagen“ gilt für das Herstellen von Heizanlagen mit zentraler Wärmeerzeugung sowie von zentralen Wassererwärmungsanlagen. **Die ATV DIN 18380 gilt auch für das Herstellen von Wärmeverteilanlagen (Heiz- und Kühlanlagen), bei denen Wasser oder Wassergemische als Energieträger verwendet werden.** | **1.1** | Die ATV DIN 18380 „Heizanlagen und zentrale Wassererwärmungsanlagen“ gilt für das Herstellen von Heizanlagen mit zentraler Wärmeerzeugung sowie von zentralen Wassererwärmungsanlagen. |
| **1.2** | Ergänzend gilt die ATV DIN 18299 „Allgemeine Regelungen für Bauarbeiten jeder Art“, Abschnitte 1 bis 5. Bei Widersprüchen gehen die Regelungen der ATV DIN 18380 vor. | **1.2** | Ergänzend gilt die ATV DIN 18299 „Allgemeine Regelungen für Bauarbeiten jeder Art“, Abschnitte 1 bis 5. Bei Widersprüchen gehen die Regelungen der ATV DIN 18380 vor. |

| | 2016 | | 2012 |
|---|---|---|---|
| **2** | Stoffe, Bauteile<br>Ergänzend zur ATV DIN 18299, Abschnitt 2, gilt: | **2** | Stoffe, Bauteile<br>Ergänzend zur ATV DIN 18299, Abschnitt 2, gilt: |
| **2.1** | Allgemeines<br>Sofern es der Verwendungszweck erfordert, müssen Stoffe und Bauteile korrosionsgeschützt sein.<br>Maschinelle Bauteile und Wärmeübertrager müssen mit Typ- und Leistungsschildern versehen sein. Beschilderungen an Bauteilen, z. B. Schilder, Skalen, Hinweise, müssen in deutscher Sprache und entsprechend dem „Gesetz über Einheiten im Messwesen und die Zeitbestimmung“ ausgeführt sein.<br>Für die gebräuchlichsten Stoffe und Bauteile sind die DIN-Normen und weitere Anforderungen nachstehend aufgeführt. | **2.1** | Allgemeines<br>Sofern es der Verwendungszweck erfordert, müssen Stoffe und Bauteile korrosionsgeschützt sein.<br>Maschinelle Bauteile und Wärmeübertrager müssen mit Typ- und Leistungsschildern versehen sein. Beschilderungen an Bauteilen, z. B. Schilder, Skalen, Hinweise, müssen in deutscher Sprache und entsprechend dem „Gesetz über Einheiten im Messwesen“ ausgeführt sein.<br>Für die Verwendung von Stoffen und Bauteilen gelten insbesondere die folgenden Technischen Regeln: |
| **2.2** | Technische Regeln | **2.2** | Einrichtungen zur Beheizung der Wärmeerzeuger und Wassererwärmer einschließlich der Brennstoffzufuhr und Brennstofflagerung sowie Fernwärme |

| | 2016 | | 2012 |
|---|---|---|---|
| 2.2.1 | Dampfanlagen<br>Technische Regeln für Dampfkessel (TRD) | 2.1 | Technische Regeln für Dampfkessel (TRD),<br>Technische Regeln zur Druckbehälterverordnung (TRB) und zu Rohrleitungen (TRR)<br>Für die gebräuchlichsten genormten Stoffe und Bauteile sind die DIN-Normen und sonstigen Technischen Regeln nachstehend aufgeführt. |
| 2.2.2 | Flüssige Brennstoffe<br>TRGS 509, Technische Regeln für Gefahrstoffe – Lagern von flüssigen und festen Gefahrstoffen in ortsfesten Behältern sowie Füll- und Entleerstellen für ortsbewegliche Behälter. | 2.2.1 | Flüssige Brennstoffe<br>Technische Regeln für brennbare Flüssigkeiten (TRbF) |
| 2.2.3 | Gasförmige Brennstoffe<br>DVFG-TRF, Technische Regeln Flüssiggas<br>DVGW G 600, DVGW-TRGI, Technische Regel für Gasinstallationen. | 2.2.2 | Gasförmige Brennstoffe<br>Technische Regeln für Flüssiggas (TRF)<br>Technische Regeln für Gasinstallationen (DVGW-Arbeitsblatt G 600, DVGW-TRGI). |
| 2.2.4 | Fernwärme<br>AGFW-Richtlinien | 2.2.3 | Fernwärme<br>AGFW-Richtlinien |

| | 2016 | | 2012 |
|---|---|---|---|
| **2.3** | Bauteile | **2.3** | Rohre, Form- und Verbindungsstücke |
| **2.3.1** | Rohre, z. B. Kupferrohre nach DIN EN 1057 „Kupfer- und Kupferlegierungen – Nahtlose Rundrohre aus Kupfer für Wasser- und Gasleitungen für Sanitärinstallationen und Heizungsanlagen“, dürfen auch mit werkseitig aufgebrachter Wärmedämmung oder Kunststoffummantelung verwendet werden. | **2.3.1** | **Rohre aus Stahl**<br>DIN EN 10220 Nahtlose und geschweißte Stahlrohre – Allgemeine Tabellen für Maße und längenbezogene Masse<br>DIN EN 10242 Gewindefittings aus Temperguss<br>DIN EN 10255 Rohre aus unlegiertem Stahl mit Eignung zum Schweißen und Gewindeschneiden – Technische Lieferbedingungen<br>DIN EN 10305-2 Präzisionsstahlrohre – Technische Lieferbedingungen – Teil 2: Geschweißte kaltgezogene Rohre<br>DIN EN 10305-3 Präzisionsstahlrohre – Technische Lieferbedingungen – Teil 3: Geschweißte und maßgewalzte Rohre |

| | 2016 | | 2012 |
|---|---|---|---|
| | | 2.3.2 | **Rohre aus Kupfer**<br>DIN EN 1057 Kupfer und Kupferlegierungen – Nahtlose Rundrohre aus Kupfer für Wasser- und Gasleitungen für Sanitärinstallationen und Heizungsanlagen<br>DIN EN 1254-1 Kupfer und Kupferlegierungen – Fittings – Teil 1: Kapillarlötfittings für Kupferrohre (Weich- und Hartlöten)<br>DIN EN 1254-4 Kupfer und Kupferlegierungen – Fittings – Teil 4: Fittings zum Verbinden anderer Ausführungen von Rohrenden mit Kapillarlötverbindungen oder Klemmverbindungen<br>Kupferrohre nach DIN EN 1057 dürfen auch mit werkseitig aufgebrachter Wärmedämmung oder Kunststoffummantelung verwendet werden. |

| | 2016 | | 2012 |
|---|---|---|---|
| | | 2.3.3 | **Rohre aus Kunststoff**<br>DIN 4724 Kunststoff-Rohrleitungssysteme für Warmwasser-Fußbodenheizung und Heizkörperanbindung – Vernetztes Polyethylen mittlerer Dichte (PEMDX)<br>DIN 4726 Warmwasser-Flächenheizungen und Heizkörperanbindungen – Kunststoffrohr- und Verbundrohrleitungssysteme<br>Normen der Reihe<br>DIN EN ISO 15874 Kunststoff-Rohrleitungssysteme für die Warm- und Kaltwasserinstallation – Polypropylen (PP)<br>Normen der Reihe<br>DIN EN ISO 15875 Kunststoff-Rohrleitungssysteme für die Warm- und Kaltwasserinstallation – Vernetztes Polyethylen (PEX)<br>Normen der Reihe<br>DIN EN ISO 15876 Kunststoff-Rohrleitungssysteme für die Warm- und Kaltwasserinstallation – Polybuten (PB) |

| | 2016 | | 2012 |
|---|---|---|---|
| 2.3.2 | Elektrische Messgeräte müssen der Genauigkeitsklasse E-1,5 nach DIN EN 60051-1 „Direkt wirkende anzeigende elektrische Messgeräte und ihr Zubehör – Messgeräte mit Skalenanzeige – Teil 1: Definitionen und allgemeine Anforderungen für alle Teile dieser Norm“ entsprechen. | 2.5 | **Mess-, Steuer- und Regeleinrichtungen, Gebäudeautomation**<br>**DIN EN 215 Thermostatische Heizkörperventile – Anforderungen und Prüfung**<br>**DIN EN 14597 Temperaturregeleinrichtungen und Temperaturbegrenzer für wärmeerzeugende Anlagen**<br>**Normen der Reihe**<br>**DIN EN 60051 Direkt wirkende anzeigende elektrische Messgeräte und ihr Zubehör – Messgeräte mit Skalenanzeige**<br>Elektrische Messgeräte müssen der Genauigkeitsklasse E-1,5 nach DIN EN 60051-1 „Direkt wirkende anzeigende elektrische Messgeräte und ihr Zubehör – Messgeräte mit Skalenanzeige – Teil 1: Definitionen und allgemeine Anforderungen für alle Teile dieser Norm“ entsprechen.<br>DIN EN 60529 Schutzarten durch Gehäuse (IP-Code)<br>Schaltschränke müssen mindestens der Schutzart IP 43 entsprechen.<br>Richtlinien der Reihe<br>VDI 3814 Gebäudeautomation (GA) |

| | 2016 | | 2012 |
|---|---|---|---|
| **2.3.3** | Schaltschränke müssen mindestens der Schutzart IP 43 nach DIN EN 60529 (VDE 0470-1) „Schutzarten durch Gehäuse (IP-Code)“ entsprechen. | **2.5** | DIN EN 60529 Schutzarten durch Gehäuse (IP-Code)<br>Schaltschränke müssen mindestens der Schutzart IP 43 entsprechen. |
| **2.3.4** | Bei Verwendung von Bauteilen zur Anbindung an die Gebäudeautomation sind die Richtlinien der Reihe VDI 3813 und VDI 3814 „Gebäudeautomation (GA)“ zu beachten. | **2.5** | Richtlinien der Reihe<br>VDI 3814 Gebäudeautomation (GA) |
| | | **2.4** | Armaturen und Pumpen |
| | | **2.4.1** | Armaturen für Heizanlagen<br>DIN 3352-5 Schieber aus Stahl, mit innen- oder außenliegendem Spindelgewinde, isomorphe Baureihe<br>DIN 3844 Heizungsarmaturen – Durchgangsventile PN 16 aus Kupferlegierung mit Muffenanschluss – Maße, Werkstoffe<br>DIN EN 1171 Industriearmaturen – Schieber aus Gusseisen<br>DIN EN 12288 Industriearmaturen – Schieber aus Kupferlegierungen |

| | 2016 | | 2012 |
|---|---|---|---|
| | | 2.4.2 | Armaturen und Pumpen für Brennstoffleitungen<br>DIN 4755 Ölfeuerungsanlagen – Technische Regel Ölfeuerungsinstallation (TRÖ) – Prüfung<br>DIN EN 12514-1 Ölversorgungsanlagen für Ölbrenner – Teil 1: Sicherheitstechnische Anforderungen und Prüfungen – Bauelemente, Ölförderaggregate, Regel- und Sicherheitseinrichtungen, Ölversorgungsbehälter<br>DIN EN 12514-2 Ölversorgungsanlagen für Ölbrenner – Teil 2: Sicherheitstechnische Anforderung und Prüfungen – Bauelemente, Armaturen, Leitungen, Filter, Heizölentlüfter, Zähler |
| | | 2.6 | Raumheizflächen<br>DIN 4703-3 Raumheizkörper – Teil 3: Umrechnung der Norm-Wärmeleistung<br>Normen der Reihe<br>DIN EN 442 Radiatoren und Konvektoren<br>Die Wärmeleistungen von Raumheizkörpern müssen auf einem nach den Normen der Reihe DIN EN 442 anerkannten Prüfstand ermittelt und registriert sein. |

| | 2016 | | 2012 |
|---|---|---|---|
| **2.7** | | **2.7** | Solarsysteme<br>DIN EN 12975-1 Thermische Solaranlagen und ihre Bauteile – Kollektoren – Teil 1: Allgemeine Anforderungen<br>DIN EN 12976-1 Thermische Solaranlagen und ihre Bauteile – Vorgefertigte Anlagen – Teil 1: Allgemeine Anforderungen |
| **3** | Ausführung<br>Ergänzend zur ATV DIN 18299, Abschnitt 3, gilt: | **3** | Ausführung<br>Ergänzend zur ATV DIN 18299, Abschnitt 3, gilt: |
| **3.1** | Allgemeines | **3.1** | Allgemeines |
| **3.1.1** | Die Bauteile von Heizanlagen und Wassererwärmungsanlagen sind so aufeinander abzustimmen, dass die geforderte Leistung erbracht, die Betriebssicherheit gegeben und ein sparsamer und wirtschaftlicher Betrieb möglich ist. Korrosionsvorgänge und Steinbildung müssen weitgehend eingeschränkt werden. Das gilt insbesondere für Wärmeerzeuger, Beheizungseinrichtungen, Abgasanlagen, vorgesehene Brennstoffe oder Energiearten und die Eigenschaften des Energieträgers. Einflüsse durch Temperatur, Druck, Abgase und dergleichen sind zu berücksichtigen. | **3.1.1** | Die Bauteile von Heizanlagen und Wassererwärmungsanlagen sind so aufeinander abzustimmen, dass die geforderte Leistung erbracht, die Betriebssicherheit gegeben und ein sparsamer und wirtschaftlicher Betrieb möglich ist und Korrosionsvorgänge weitgehend eingeschränkt werden. Das gilt insbesondere für Wärmeerzeuger, Beheizungseinrichtungen, Abgasanlagen, vorgesehene Brennstoffe oder Energiearten und die Eigenschaften des Wärmeträgers. Einflüsse durch Temperatur, Druck, Abgase und dergleichen sind zu berücksichtigen. |

| | 2016 | | 2012 |
|---|---|---|---|
| | | | Umwälzpumpen, Armaturen und Rohrleitungen sind durch Berechnung so aufeinander abzustimmen, dass auch bei den zu erwartenden wechselnden Betriebsbedingungen eine ausreichende Wassermengenverteilung sichergestellt ist und die zulässigen Schalldruckpegel nicht überschritten werden. Ist z. B. bei Schwachlastbetrieb ein übermäßiger Differenzdruck zu erwarten, so sind geeignete Gegenmaßnahmen zu treffen, z. B. Einbau differenzdruckregelnder Einrichtungen.<br><br>Bei Regelventilen, z. B. thermostatischen Heizkörperventilen in Zweirohrheizungen, ist Voraussetzung für den hydraulischen Abgleich, dass die Ventile im Verhältnis zum maximal möglichen Differenzdruck an der Umwälzpumpe und an der dem Anlagenabschnitt vorgeschalteten Differenzdruckbegrenzungseinrichtung einen entsprechenden hohen Widerstand aufweisen. |

| | 2016 | | 2012 |
|---|---|---|---|
| **3.1.2** | Der Auftragnehmer hat dem Auftraggeber vor Beginn der Montagearbeiten alle Angaben zu machen, die für den ungehinderten Einbau und ordnungsgemäßen Betrieb der Anlage notwendig sind.<br>Der Auftragnehmer hat nach den Planungsunterlagen und Berechnungen des Auftraggebers die für die Ausführung erforderliche Montage- und Werkstattplanung zu erbringen und, soweit erforderlich, mit dem Auftraggeber abzustimmen.<br>Dazu gehören insbesondere:<br>– Montagepläne,<br>– Werkstattzeichnungen,<br>– Stromlaufpläne,<br>– Fundamentpläne.<br>Der Auftragnehmer hat dem Auftraggeber rechtzeitig die Angaben über die<br>– Massen der Einbauteile,<br>– Stromaufnahme und gegebenenfalls den Anlaufstrom der elektrischen Bauteile und,<br>– sonstigen Erfordernisse für den Einbau<br>zu machen. | **3.1.2** | Der Auftragnehmer hat dem Auftraggeber vor Beginn der Montagearbeiten alle Angaben zu machen, die für den ungehinderten Einbau und ordnungsgemäßen Betrieb der Anlage notwendig sind.<br>Der Auftragnehmer hat nach den Planungsunterlagen und Berechnungen des Auftraggebers die für die Ausführung erforderliche Montage- und Werkstattplanung zu erbringen und, soweit erforderlich, mit dem Auftraggeber abzustimmen.<br>Dazu gehören insbesondere:<br>– Montagepläne,<br>– Werkstattzeichnungen,<br>– Stromlaufpläne,<br>– Fundamentpläne.<br>Der Auftragnehmer hat dem Auftraggeber rechtzeitig die Angaben über die<br>– Massen der Einbauteile,<br>– Stromaufnahme und gegebenenfalls den Anlaufstrom der elektrischen Bauteile und<br>– sonstigen Erfordernisse für den Einbau<br>zu machen. |

| | 2016 | | 2012 |
|---|---|---|---|
| | Zu den für die Ausführung nötigen, vom Auftraggeber zu übergebenden Unterlagen (siehe § 3 Abs. 1 VOB/B) gehören insbesondere:<br>– Ausführungspläne als Grundrisse, Funktions- und Strangschemata sowie Schnitte mit Dimensionsangaben,<br>– Anlagenkonzeption mit Regelschemata,<br>– Schlitz- und Durchbruchpläne,<br>– Berechnungen für Heiz- und Kühllast mit jeweils zugehörigen Rohrnetz- und Pumpenauslegungen, der energetische Nachweis und die wesentlichen energiebezogenen Merkmale, die der Anlagenaufwandszahl zugrunde liegen,<br>– Leistungsdaten für Wärmeerzeuger und Wärmeübertrager,<br>– Angaben zum Schall-, Wärme- und Brandschutz. | | Zu den für die Ausführung nötigen, vom Auftraggeber zu übergebenden Unterlagen (siehe § 3 Abs. 1 VOB/B) gehören z. B.:<br>– Ausführungspläne als Grundrisse, Strangschemata und Schnitte mit Dimensionsangaben,<br>– Anlagenkonzeption mit Regelschemata,<br>– Schlitz- und Durchbruchpläne,<br>– Berechnungen für Heiz- und Kühllast mit jeweils zugehörigen Rohrnetz- und Pumpenauslegungen, der Energiebedarfsausweis und die wesentlichen energiebezogenen Merkmale, die der Anlagenaufwandszahl zugrunde liegen,<br>– Leistungsdaten für Wärmeerzeuger und Wärmeübertrager,<br>– Angaben zum Schall-, Wärme- und Brandschutz. |

| | 2016 | | 2012 |
|---|---|---|---|
| **3.1.3** | Der Auftragnehmer hat bei der Prüfung der vom Auftraggeber gelieferten Planungsunterlagen und Berechnungen (siehe § 3 Abs. 3 VOB/B) u. a. hinsichtlich der Beschaffenheit und Funktion der Anlage insbesondere zu achten auf:<br>– die Heizlast,<br>– die Wärmeleistung der Wärmeerzeuger und Heizflächen,<br>– die Querschnitte und Ausführungen der Abgasleitungen,<br>– die Sicherheitseinrichtungen,<br>– die Rohrleitungsquerschnitte, Pumpenauslegungen und Netzhydraulik,<br>– die Mess-, Steuer- und Regeleinrichtungen,<br>– den Schallschutz,<br>– den Wärmeschutz,<br>– den Brandschutz,<br>– die Luftdichtheit der Gebäudehülle. | **3.1.3** | Der Auftragnehmer hat bei der Prüfung der vom Auftraggeber gelieferten Planungsunterlagen und Berechnungen (siehe § 3 Abs. 3 VOB/B) u. a. hinsichtlich der Beschaffenheit und Funktion der Anlage insbesondere zu achten auf<br>– die Norm-Heizlast,<br>– die Wärmeleistung der Wärmeerzeuger und Heizflächen,<br>– die Querschnitte und Ausführungen der Abgasleitungen,<br>– die Sicherheitseinrichtungen,<br>– die Rohrleitungsquerschnitte, Pumpenauslegungen und Netzhydraulik,<br>– die Mess-, Steuer- und Regeleinrichtungen,<br>– den Schallschutz,<br>– den Brandschutz,<br>– die Luftdichtheit der Gebäudehülle. |

| | 2016 | | 2012 |
|---|---|---|---|
| **3.1.4** | Als Bedenken nach § 4 Abs. 3 VOB/B können insbesondere in Betracht kommen:<br>– Unstimmigkeiten in den vom Auftraggeber gelieferten Planungsunterlagen und Berechnungen (siehe § 3 Abs. 3 VOB/B),<br>– erkennbar mangelhafte Ausführung, nicht rechtzeitige Fertigstellung oder das Fehlen von Fundamenten, Schlitzen und Durchbrüchen,<br>– ungenügende Maßnahmen für den Schall-, Wärme- und Brandschutz,<br>– ungeeignete Bauart der Abgasanlagen und ungeeigneter Querschnitt der Abgasleitungen sowie der luftführenden und Installationsschächte,<br>– unzureichende Anschlussleistung für Energieträger,<br>– nicht ausreichender Platz für die Bauteile **bzw. für deren Transport zum Einbauort,**<br>– unzureichende Voraussetzungen für die Aufnahme von Reaktionskräften,<br>– fehlende Bezugspunkte,<br>– **ungeeignete Bedingungen, die sich aus der Witterung oder dem Raumklima ergeben** (siehe Abschnitt 3.1.5),<br>– dem Auftragnehmer bekannt gewordene Änderungen von Voraussetzungen, die der Planung zugrunde gelegen haben. | **3.1.4** | Der Auftragnehmer hat bei seiner Prüfung Bedenken (siehe § 4 Abs. 3 VOB/B) insbesondere geltend zu machen bei<br>– Unstimmigkeiten in den vom Auftraggeber gelieferten Planungsunterlagen und Berechnungen (siehe § 3 Abs. 3 VOB/B),<br>– erkennbar mangelhafter Ausführung, nicht rechtzeitiger Fertigstellung oder dem Fehlen von Fundamenten, Schlitzen und Durchbrüchen,<br>– ungenügenden Maßnahmen für den Schall-, Wärme- und Brandschutz,<br>– ungeeigneter Bauart der Abgasanlagen und ungeeignetem Querschnitt der Abgasleitungen sowie der Zuluft- und Abluftschächte,<br>– unzureichender Anschlussleistung für Energieträger,<br>– nicht ausreichendem Platz für die Bauteile,<br>– unzureichenden Voraussetzungen für die Aufnahme von Reaktionskräften,<br>– fehlenden Bezugspunkten,<br>– ungeeigneten klimatischen Bedingungen (siehe Abschnitt 3.1.5),<br>– ihm bekannt gewordenen Änderungen von Voraussetzungen, die der Planung zugrunde gelegen haben. |

| | 2016 | | 2012 |
|---|---|---|---|
| **3.1.5** | Bei ungeeigneten Bedingungen, die sich aus der Witterung oder dem Raumklima ergeben, z. B. Temperaturen unter 5 °C bei Verlegearbeiten von Kunststoffverbundrohren in Rollenform, sind in Abstimmung mit dem Auftraggeber besondere Maßnahmen zu ergreifen. Sollten hierfür Leistungen erforderlich werden, sind dies Besondere Leistungen (siehe Abschnitt 4.2.33). | **3.1.5** | Bei ungeeigneten klimatischen Bedingungen, z. B. bei Verlegearbeiten von Kunststoffverbundrohren in Rollenform Temperaturen unter 5 °C, sind in Abstimmung mit dem Auftraggeber besondere Maßnahmen zu ergreifen. Die zu treffenden Maßnahmen sind Besondere Leistungen (siehe Abschnitt 4.2.27). |
| **3.1.6** | Bleibt die Leitungsführung dem Auftragnehmer überlassen, hat dieser einen Ausführungsplan zu erstellen und mit dem Auftraggeber vor Ausführung abzustimmen, damit die erforderlichen Fundament-, Schlitz-, Durchbruch- und Montagepläne erstellt werden können. **Diese Leistungen sind Besondere Leistungen (siehe Abschnitt 4.2.1).** | **3.1.6** | Bleibt die Leitungsführung dem Auftragnehmer überlassen, hat dieser rechtzeitig einen Ausführungsplan zu erstellen und mit dem Auftraggeber abzustimmen, damit die erforderlichen Fundament-, Schlitz-, Durchbruch- und Montagepläne erstellt werden können. |
| **3.1.7** | Bei Veränderungen, die vorhandene elektrische Schutzmaßnahmen an bestehenden Anlagen beeinträchtigen könnten, z. B. Einbau von Isolierstücken, hat der Auftragnehmer den Auftraggeber darauf hinzuweisen, dass durch einen zugelassenen Elektroinstallateur geprüft werden muss, ob durch die vorgesehenen Arbeiten die Schutzmaßnahmen beeinträchtigt werden. | **3.1.7** | Bei Veränderungen, die vorhandene elektrische Schutzmaßnahmen an bestehenden Anlagen beeinträchtigen könnten, z. B. Einbau von Isolierstücken, hat der Auftragnehmer den Auftraggeber darauf hinzuweisen, dass durch einen zugelassenen Elektroinstallateur geprüft werden muss, ob durch die vorgesehenen Arbeiten die Schutzmaßnahmen beeinträchtigt werden. |

| | **2016** | | **2012** |
|---|---|---|---|
| **3.1.8** | Der Auftragnehmer hat die für die Ausführung erforderlichen Genehmigungen und anlagenspezifischen, technischen Abnahmen zu veranlassen. | | |
| **3.1.9** | Stemm-, Fräs- und Bohrarbeiten am Bauwerk dürfen nur in Abstimmung mit dem Auftraggeber ausgeführt werden. | **3.1.8** | Stemm-, Fräs- und Bohrarbeiten am Bauwerk dürfen nur im Einvernehmen mit dem Auftraggeber ausgeführt werden. **Bei derartigen Arbeiten an Mauerwerk ist DIN 1053-1 „Mauerwerk – Teil 1: Berechnung und Ausführung“ zu beachten.** |
| | | **3.1.9** | Stoffe, die zerstörend auf Anlagenteile wirken können, z. B. Gips oder chloridhaltige Schnellbinder in direkter Verbindung mit Metallteilen, dürfen nicht verwendet werden. |
| | | **3.1.10** | Reaktionskräfte aus Bewegungsausgleichern oder Schwingungsdämpfern sind durch Rohrleitungsfestpunkte aufzunehmen; bauartbedingt ist eine axiale Führung der Rohrleitung sicherzustellen. |
| **3.1.10** | Müssen auftretende Reaktionskräfte in das Bauwerk abgeleitet werden, sind die Kräfte vom Auftragnehmer zu ermitteln und dem Auftraggeber vor Ausführung der Leistung bekannt zu geben. | **3.1.11** | Müssen auftretende Reaktionskräfte in das Bauwerk abgeleitet werden, sind die Kräfte vom Auftragnehmer zu ermitteln und dem Auftraggeber vor Ausführung der Leistung bekannt zu geben. |

| | 2016 | | 2012 |
|---|---|---|---|
| **3.2** | Anforderungen | **3.2** | Anforderungen |
| **3.2.1** | Allgemeines<br>Für die Ausführung gelten die im Abschnitt 2 aufgeführten Technischen Regeln sowie insbesondere:<br>**DIN 4703-3** **Raumheizkörper – Teil 3: Umrechnung der Norm-Wärmeleistung**<br>**DIN 4755** **Ölfeuerungsanlagen – Technische Regel Ölfeuerungsinstallation (TRÖ) – Prüfung**<br>DIN EN 12977-1 Thermische Solaranlagen und ihre Bauteile – Kundenspezifisch gefertigte Anlagen – Teil 1: Allgemeine Anforderungen an Solaranlagen zur Trinkwassererwärmung und solare Kombianlagen<br>**DIN EN 14336** **Heizungsanlagen in Gebäuden – Installation und Abnahme der Warmwasser-Heizungsanlagen**<br>Bei der Ausführung multivalenter Anlagen ist besonders auf die gegenseitige Abstimmung der Heiz- und Regeleinrichtungen zu achten. | **3.2.1** | Allgemeines<br>Für die Ausführung gelten die im Abschnitt 2 aufgeführten Technischen Regeln sowie:<br>**DIN V 4108-6** **Wärmeschutz und Energie-Einsparung in Gebäuden – Teil 6: Berechnung des Jahresheizwärme- und des Jahresheizenergiebedarfs**<br>**DIN V 4701-10** **Energetische Bewertung heiz- und raumlufttechnischer Anlagen – Teil 10: Heizung, Trinkwassererwärmung, Lüftung**<br>**DIN V 4701-12** **Energetische Bewertung heiz- und raumlufttechnischer Anlagen im Bestand – Teil 12: Wärmeerzeuger und Trinkwassererwärmung**<br>**DIN 4708-1** **Zentrale Wassererwärmungsanlagen – Begriffe und Berechnungsgrundlagen**<br>**DIN 4708-2** **Zentrale Wassererwärmungsanlagen – Regeln zur Ermittlung des Wärmebedarfs zur Erwärmung von Trinkwasser in Wohngebäuden** |

| | 2016 | | 2012 | |
|---|---|---|---|---|
| | | | VDI 2035 Blatt 1 | Vermeidung von Schäden in Warmwasserheizungsanlagen – Steinbildung in Trinkwassererwärmungs- und Warmwasserheizungsanlagen |
| | | | DIN EN 12831 | Heizungsanlagen in Gebäuden – Verfahren zur Berechnung der Norm-Heizlast |
| | | | DIN EN 12831 Beiblatt 1 | Heizsysteme in Gebäuden – Verfahren zur Berechnung der Norm-Heizlast – Nationaler Anhang NA |
| | | | PAS 1027 | Energetische Bewertung heiz- und raumlufttechnischer Anlagen im Bestand, Ergänzung zur DIN 4701-12 Blatt 1 |
| | | | Normen der Reihe DIN V 18599 | Energetische Bewertung von Gebäuden, Berechnung des Nutz-, End- und Primärenergiebedarfs für Heizung, Kühlung, Lüftung, Trinkwarmwasser und Beleuchtung |

| | 2016 | | 2012 | |
|---|---|---|---|---|
| | | | **DIN EN 12975-1** | **Thermische Solaranlagen und ihre Bauteile – Kollektoren – Teil 1: Allgemeine Anforderungen** |
| | | | **DIN EN 12976-1** | **Thermische Solaranlagen und ihre Bauteile – Vorgefertigte Anlagen – Teil 1: Allgemeine Anforderungen** |
| | | | **DIN EN 12976-2** | **Thermische Solaranlagen und ihre Bauteile – Vorgefertigte Anlagen – Teil 2: Prüfverfahren** |
| | | | DIN V ENV 12977-1 | Thermische Solaranlagen und ihre Bauteile – Kundenspezifisch gefertigte Anlagen – Teil 1: Allgemeine Anforderungen |
| | | | **DIN V ENV 12977-2** | **Thermische Solaranlagen und ihre Bauteile – Kundenspezifisch gefertigte Anlagen – Teil 2: Prüfverfahren** |

| | 2016 | | 2012 |
|---|---|---|---|
| | | | **DIN EN 12977-3 Thermische Solaranlagen und ihre Bauteile – Kundenspezifisch gefertigte Anlagen – Teil 3: Leistungsprüfung von Warmwasserspeichern für Solaranlagen**<br>Bei der Ausführung bi- und trivalenter Anlagen ist besonders auf die gegenseitige Abstimmung der Heiz- und Regeleinrichtungen zu achten. |
| | | **3.2.2** | Wärmeerzeuger<br>Die Leistung von Wärmeerzeugern, z. B. von Heizkesseln, Wärmeübertragern, Wärmepumpen, die nicht unter die Bestimmungen der Energiesparverordnung (EnEV) fallen, ist auf die berechnete Heizlast und die vorgesehenen Betriebsverhältnisse, zu denen auch die Gleichzeitigkeitsfaktoren gehören, abzustimmen. |
| | | **3.2.3** | Wassererwärmer<br>DIN 8947 Wärmepumpen – Anschlussfertige Wärmepumpen-Wassererwärmer mit elektrisch angetriebenen Verdichtern – Begriffe, Anforderungen, Prüfungen<br>DIN 4753-1 Wassererwärmer und Wassererwärmungsanlagen für Trink- und Betriebswasser – Anforderungen, Kennzeichnung, Ausrüstung und Prüfung |

| | 2016 | | 2012 |
|---|---|---|---|
| **3.2.2** | Sicherheitseinrichtungen<br>DIN 4754 (alle Teile) Wärmeübertragungsanlagen mit organischen Wärmeträgern | **3.2.4** | Sicherheitseinrichtungen<br>**DIN 4750 Standrohre für Dampfabfuhr bei Drucküberschreitung aus Dampfkessel- und Heizungsanlagen mit zulässigem Betriebsdruck bis 0,5 bar – Anforderungen**<br>DIN 4754 Wärmeübertragungsanlagen mit organischen Wärmeträgern – Sicherheitstechnische Anforderungen, Prüfung<br>**DIN EN 12828 Heizungssysteme in Gebäuden – Planung von Warmwasser-Heizungsanlagen** |
| **3.2.3** | Anlagen zur Energieversorgung<br>TRwS 791-1 Technische Regel wassergefährdender Stoffe (TRwS) – Heizölverbraucheranlagen – Teil 1: Errichtung, betriebliche Anforderungen und Stilllegung von Heizölverbraucheranlagen<br>Technische Anschlussbedingungen der örtlichen Versorgungsunternehmen. | | |

| | 2016 | | 2012 |
|---|---|---|---|
| | | **3.2.5** | Anlagen zur Beheizung, einschließlich Brennstoffzufuhr und Fernwärme<br>Technische Anschlussbedingungen der örtlichen Gasversorgungsunternehmen.<br>Technische Anschlussbedingungen der örtlichen Elektrizitätsversorgungsunternehmen.<br>Technische Anschlussbedingungen der örtlichen Fernwärmelieferanten.<br>DIN 4747-1 Fernwärmeanlagen – Teil 1: Sicherheitstechnische Ausrüstung von Unterstationen, Hausstationen und Hausanlagen zum Anschluss an Heizwasser-Fernwärmenetze<br>AGFW-Richtlinien |

| | 2016 | | | 2012 | |
|---|---|---|---|---|---|
| 3.2.4 | Abgasanlagen | | 3.2.6 | Abgasanlagen | |
| | DIN V 18160-1 | Abgasanlagen – Teil 1: Planung und Ausführung | | **DIN 3388-2** | **Abgas-Absperrvorrichtung für Feuerstätten für flüssige oder gasförmige Brennstoffe, mechanisch betätigte Abgasklappen – Sicherheitstechnische Anforderungen und Prüfung** |
| | | | | **DIN 3388-4** | **Abgasklappen für Gasfeuerstätten, thermisch gesteuert, gerätegebunden – Anforderungen, Prüfung, Kennzeichnung** |
| | | | | **DIN 4759-1** | **Wärmeerzeugungsanlagen für mehrere Energiearten – Eine Feststofffeuerung und eine Öl- oder Gasfeuerung und nur ein Schornstein – Sicherheitstechnische Anforderungen und Prüfungen** |
| | | | | **DIN 4795** | **Nebenluftvorrichtungen für Hausschornsteine – Begriffe, Sicherheitstechnische Anforderungen, Prüfung, Kennzeichnung** |

| | 2016 | | 2012 |
|---|---|---|---|
| | | | **Normen der Reihe**<br>DIN V 18160 Abgasanlagen<br>**DIN EN 13384-1 Abgasanlagen – Wärme- und strömungstechnische Berechnungsverfahren – Teil 1: Abgasanlagen mit einer Feuerstätte**<br>**DIN EN 13384-2 Abgasanlagen – Wärme- und strömungstechnische Berechnungsverfahren – Teil 2: Abgasanlagen mit mehreren Feuerstätten**<br>**DIN EN 1443 Abgasanlagen – Allgemeine Anforderungen** |

| | 2016 | | 2012 |
|---|---|---|---|
| **3.2.5** | Rohrleitungen<br><br>Die Rohre sind so zu verlegen, dass sie sich ohne Schäden zu verursachen ausdehnen können. Neben und übereinander laufende und sich kreuzende Rohre dürfen sich auch bei Ausdehnung nicht berühren.<br><br>Die Rohrleitungen sind ferner so zu verlegen, dass Bedienungstüren, Kontrollklappen und dergleichen frei zugänglich und zu betätigen sind.<br><br>Lösbare Verbindungen, deren Dichtheit nicht dauerhaft sichergestellt ist, müssen zugänglich sein.<br><br>Bei Leitungsdurchführungen durch Decken und Wände sind die Belange des Schall-, Wärme-, **Feuchte-** und Brandschutzes sowie der Luftdichtheit zu berücksichtigen. Erforderliche Leistungen sind Besondere Leistungen (siehe Abschnitt 4.2.10).<br><br>Erdverlegte Rohrleitungen sind in Anlehnung an DIN EN 1610 „Verlegung und Prüfung von Abwasserleitungen und -kanälen“ zu verlegen. | **3.2.7** | Rohrleitungen<br><br>Die Rohre sind so zu verlegen, dass sie sich ohne Schäden zu verursachen ausdehnen können. Neben und übereinander laufende und sich kreuzende Rohre dürfen sich auch bei Ausdehnung nicht berühren.<br><br>Die Rohrleitungen sind ferner so zu verlegen, dass Bedienungstüren, Kontrollklappen und dergleichen frei zugänglich und zu betätigen sind.<br><br>**Dichtungen sind auf das vorgesehene Durchflussmedium abzustimmen.** Lösbare Verbindungen, deren Dichtheit nicht dauerhaft sichergestellt ist, müssen zugänglich sein.<br><br>Bei Leitungsdurchführungen durch Decken und Wände sind die Belange des Schall-, Wärme- und Brandschutzes sowie der Luftdichtheit zu berücksichtigen. Die zu treffenden Maßnahmen sind Besondere Leistungen (siehe Abschnitt 4.2.7).<br><br>Erdverlegte Rohrleitungen sind in Anlehnung an DIN EN 1610 „Verlegung und Prüfung von Abwasserleitungen und -kanälen“ zu verlegen. |

| | 2016 | | 2012 |
|---|---|---|---|
| **3.2.6** | Armaturen und Pumpen<br>Armaturen mit gleichen Funktionen sind typengleich auszuführen. | **3.2.8** | Armaturen und Pumpen<br>Armaturen mit gleichen Funktionen sollen typengleich ausgeführt werden.<br>**Bei Warmwasserheizungen müssen an jeder Raumheizfläche Möglichkeiten zur Begrenzung der Durchflussmenge zum hydraulischen Abgleich vorhanden sein.**<br>**Um Kavitationsschäden und das Ansaugen von Luft zu vermeiden, sind Umwälzpumpen in Heizanlagen so anzuordnen, dass durch ihren Betrieb an keiner Stelle der Heizanlage ein unzulässiger Unterdruck entstehen kann.** |
| **3.2.7** | Mess-, Steuer- und Regeleinrichtungen | **3.2.9** | Mess-, Steuer- und Regeleinrichtungen, **Gebäudeautomation** |
| **3.2.7.1** | Stellglieder der Regelstrecken von funktional eigenständigen Einrichtungen, welche in Anlagen eingebaut werden, die nicht zur vertraglichen Leistung gehören, sind vom Auftragnehmer mit dem Verantwortlichen für die betreffende Anlage abzustimmen. | **3.2.9.1** | Stellglieder der Regelstrecken, die in Anlagen eingebaut werden, die nicht zur vertraglichen Leistung gehören, sind vom Auftragnehmer **zu bemessen** und zu liefern. **Die Bemessung der Stellglieder der Regelstrecken ist vom Auftragnehmer mit dem Verantwortlichen für die betreffende Anlage abzustimmen.** |
| **3.2.7.2** | Messwertgeber sind an dafür geeigneten Stellen so einzubauen, dass der Messwert richtig erfasst wird. | **3.2.9.2** | Messwertgeber sind an dafür geeigneten Stellen so einzubauen, dass der Messwert richtig erfasst wird. |

| | 2016 | | 2012 |
|---|---|---|---|
| **3.2.7.3** | Anzeigegeräte müssen gut ablesbar, zu betätigende Geräte leicht zugänglich und bedienbar sein. | **3.2.9.3** | Anzeigegeräte müssen gut ablesbar, zu betätigende Geräte leicht zugänglich und bedienbar sein. |
| **3.2.7.4** | Der Auftragnehmer hat bei der Prüfung und Inbetriebnahme der von ihm vorgenommenen elektrischen Verkabelung sowie der von ihm erstellten Steuer- und Regelanlage eine mit Anlagen dieser Art vertraute Fachkraft zur Verfügung zu stellen.<br>Gehört die elektrische Verkabelung oder die Mess-, Steuer- und Regeltechnik nicht zu den vertraglichen Leistungen, so ist das Abstellen einer Fachkraft während der Prüfung oder der Inbetriebnahme eine Besondere Leistung (siehe Abschnitt 4.2.16). | **3.2.9.4** | Der Auftragnehmer hat bei der Prüfung und Inbetriebnahme der von ihm vorgenommenen elektrischen Verkabelung sowie der von ihm erstellten Steuer- und Regelanlage eine mit Anlagen dieser Art vertraute Fachkraft zur Verfügung zu stellen.<br>Ist die elektrische Verkabelung oder die Steuer- und Regeltechnik nicht vertragliche Leistung, so ist das Abstellen einer Fachkraft während der Prüfung oder der Inbetriebnahme eine Besondere Leistung (siehe Abschnitt 4.2.11). |
| **3.2.8** | Raumheizflächen | **3.2.10** | Raumheizflächen |
| | | **3.2.10.1** | Die Wärmeleistung der Raumheizflächen ist auf die nach DIN EN 12831 ermittelte Heizlast auszulegen. |
| | | **3.2.10.2** | Sind Heizkörperverkleidungen oder eine leistungsmindernde, z. B. metallhaltige Beschichtung vorgesehen, ist die Minderung der Wärmeleistung vom Auftraggeber rechtzeitig anzugeben und vom Auftragnehmer zu berücksichtigen (siehe DIN 47033). Bei Flächenheizungen gilt Entsprechendes. |

| | 2016 | | 2012 |
|---|---|---|---|
| **3.2.8.1** | Heizkörper sind mit den Rohrleitungen so zu verbinden, dass sie leicht lösbar, entleerbar und abnehmbar sind. Heizkörper und ihre Armaturen müssen gut zugänglich sein. | **3.2.10.3** | Heizkörper sind mit den Rohrleitungen so zu verbinden, dass sie leicht lösbar, entleerbar und abnehmbar sind. Heizkörper und ihre Armaturen müssen gut zugänglich sein. |
| **3.2.9** | Fußbodenheizungen<br>DIN EN 1264-1 Raumflächenintegrierte Heiz- und Kühlsysteme mit Wasserdurchströmung – Teil 1: Definitionen und Symbole<br>DIN EN 1264-4 Raumflächenintegrierte Heiz- und Kühlsysteme mit Wasserdurchströmung – Teil 4: Installation | **3.2.11** | Fußbodenheizungen<br>DIN EN 1264-1 Fußboden-Heizung – Systeme und Komponenten – Teil 1: Definitionen und Symbole<br>**DIN EN 1264-2 Raumflächenintegrierte Heiz- und Kühlsysteme mit Wasserdurchströmung – Teil 2: Fußbodenheizung: Prüfverfahren für die Bestimmung der Wärmeleistung unter Benutzung von Berechnungsmethoden und experimentellen Methoden**<br>**DIN EN 1264-3 Raumflächenintegrierte Heiz- und Kühlsysteme mit Wasserdurchströmung – Teil 3: Auslegung**<br>DIN EN 1264-4 Raumflächenintegrierte Heiz- und Kühlsysteme mit Wasserdurchströmung – Teil 4: Installation |

| | 2016 | | 2012 |
|---|---|---|---|
| 3.2.10 | **Dämmung und Brandschutz**<br>Teile der Anlage, die eine Ummantelung/Dämmung erhalten sollen, sind so zu installieren, dass diese Leistung ordnungsgemäß ausgeführt werden kann. | 3.2.13 | **Wärmedämmung**<br>Teile der Heiz- und Wassererwärmungsanlagen, die eine Wärmedämmung erhalten sollen, sind so einzubauen, dass diese ordnungsgemäß angebracht werden kann. |
| 3.2.11 | Schallschutz<br>Wenn Schallschutzmaßnahmen an der Anlage auszuführen sind, müssen sie den Anforderungen der DIN 4109 „Schallschutz im Hochbau – Anforderungen und Nachweise“ entsprechen. | 3.2.12 | Schallschutz<br>DIN 4109 Schallschutz im Hochbau – Anforderungen und Nachweise<br>**DIN 4109/A1 Schallschutz im Hochbau – Anforderungen und Nachweise, Änderung A1**<br>**DIN 4109 Beiblatt 1 Schallschutz im Hochbau – Ausführungsbeispiele und Rechenverfahren** |
| 3.3 | Anzeige, Erlaubnis, Genehmigung und Prüfung<br>Die für die behördlich vorgeschriebenen Anzeigen oder Anträge notwendigen zeichnerischen und sonstigen Unterlagen sowie Bescheinigungen sind entsprechend der für die Anzeige-, Erlaubnis- oder Genehmigungspflicht vorgeschriebenen Anzahl vom Auftragnehmer dem Auftraggeber zur Verfügung zu stellen. Dies gilt nicht, wenn die Prüfvorschriften für Anlagenteile eine dauerhafte Kennzeichnung statt einer Bescheinigung zulassen. | 3.3 | Anzeige, Erlaubnis, Genehmigung und Prüfung<br>Die für die behördlich vorgeschriebenen Anzeigen oder Anträge notwendigen zeichnerischen und sonstigen Unterlagen sowie Bescheinigungen sind entsprechend der für die Anzeige-, Erlaubnis- oder Genehmigungspflicht vorgeschriebenen Anzahl vom Auftragnehmer dem Auftraggeber zur Verfügung zu stellen. Dies gilt nicht, wenn die Prüfvorschriften für Anlagenteile eine dauerhafte Kennzeichnung statt einer Bescheinigung zulassen. |

| | 2016 | | 2012 |
|---|---|---|---|
| 3.4 | Druckprüfung | 3.4 | **Druckprüfung** |
| 3.4.1 | Der Auftragnehmer hat die Anlage nach dem Einbau und vor dem Schließen der Mauerschlitze und Wand- und Deckendurchbrüche sowie gegebenenfalls vor dem Aufbringen des Estrichs oder einer anderen Überdeckung einer Druckprüfung zu unterziehen. | 3.4.1 | Der Auftragnehmer hat die Anlage nach dem Einbau und vor dem Schließen der Mauerschlitze und Wand- und Deckendurchbrüche sowie gegebenenfalls vor dem Aufbringen des Estrichs oder einer anderen Überdeckung einer Druckprüfung zu unterziehen. |
| 3.4.2 | Wasserheizungen und Wassererwärmungsanlagen sind **nach DIN EN 14336 „Heizungsanlagen in Gebäuden – Installation und Abnahme der Warmwasser-Heizungsanlagen“** zu prüfen. **Dabei ist die hydraulische Druckprüfung wie auch die pneumatische Druckprüfung zulässig.** | 3.4.2 | Wasserheizungen und Wassererwärmungsanlagen sind mit einem Druck zu prüfen, der dem Ansprechdruck des Sicherheitsventils entspricht. |
| 3.4.3 | Dampfanlagen sind mit einem Druck zu prüfen, der dem Ansprechdruck des Sicherheitsventils entspricht. Zusätzlich sind die Technischen Regeln für Dampfkessel TRD der Reihe 500 zu beachten. | 3.4.3 | Dampfanlagen sind mit einem Wasserdruck zu prüfen, der dem Ansprechdruck des Sicherheitsventils entspricht. Zusätzlich sind die Technischen Regeln für Dampfkessel TRD der Reihe 500 zu beachten. |

| | 2016 | | 2012 |
|---|---|---|---|
| **3.4.4** | Über die Druckprüfungen sind Protokolle zu erstellen. Aus ihnen müssen hervorgehen:<br>1. Datum der Prüfung,<br>2. Anlagendaten wie Aufstellungsort, höchstzulässiger Betriebsdruck, bezogen auf den tiefsten Punkt der Anlage,<br>3. Prüfdruck, bezogen auf den Ansprechdruck des Sicherheitsventils,<br>4. Dauer der Beaufschlagung mit dem Prüfdruck,<br>5. Bestätigung, dass die Anlage dicht ist und an keinem Bauteil eine bleibende Formänderung aufgetreten ist. | **3.4.4** | Über die Druckprüfungen sind Protokolle zu erstellen. Aus ihnen müssen hervorgehen:<br>– Datum der Prüfung,<br>– Anlagendaten wie Aufstellungsort, höchstzulässiger Betriebsdruck, bezogen auf den tiefsten Punkt der Anlage,<br>– Prüfdruck, bezogen auf den Ansprechdruck des Sicherheitsventils,<br>– Dauer der Belastung mit dem Prüfdruck,<br>– Bestätigung, dass die Anlage dicht ist und an keinem Bauteil eine bleibende Formänderung aufgetreten ist. |
| **3.5** | Einstellen der Anlage | **3.5** | Einstellung der Anlage |
| **3.5.1** | Der Auftragnehmer hat die Anlagenteile so einzustellen, dass die geplanten Funktionen und Leistungen erbracht und die gesetzlichen Bestimmungen erfüllt werden.<br>Der hydraulische Abgleich ist mit den rechnerisch ermittelten Einstellwerten so vorzunehmen, dass bei bestimmungsgemäßem Betrieb, also z. B. auch nach Raumtemperaturabsenkung oder Betriebspausen der Heizanlage, alle Wärmeverbraucher entsprechend ihrer Heizlast mit Heizwasser versorgt werden. | **3.5.1** | Der Auftragnehmer hat die Anlagenteile so einzustellen, dass die geplanten Funktionen und Leistungen erbracht und die gesetzlichen Bestimmungen erfüllt werden.<br>Der hydraulische Abgleich ist mit den rechnerisch ermittelten Einstellwerten so vorzunehmen, dass bei bestimmungsgemäßem Betrieb, also z. B. auch nach Raumtemperaturabsenkung oder Betriebspausen der Heizanlage, alle Wärmeverbraucher entsprechend ihrem Wärmebedarf mit Heizwasser versorgt werden. |

| | 2016 | | 2012 |
|---|---|---|---|
| **3.5.2** | Die Einstellung ist zur Abnahme vorzunehmen. | **3.5.2** | Die Einstellung ist zur Abnahme vorzunehmen. **Die endgültige Einstellung von regelungsspezifischen Werten, z. B. Vorlauftemperatur, Heizkurve, ist zum Ende der ersten Heizperiode nach Fertigstellung des Gebäudes vorzunehmen.** |
| **3.5.3** | Das Bedienungs- und Wartungspersonal für die Anlage ist durch den Auftragnehmer einmal einzuweisen. | **3.5.3** | Das Bedienungs- und Wartungspersonal für die Anlage ist durch den Auftragnehmer einmal einzuweisen. |
| **3.6** | Abnahme<br>Es ist **zur Abnahme eine Vollständigkeits- und Funktionsprüfung** durchzuführen, eine Funktionsmessung jedoch nur nach besonderer Vereinbarung. | **3.6** | Abnahme**prüfung**<br>Es ist eine Abnahmeprüfung durchzuführen, eine Funktionsmessung jedoch nur nach besonderer Vereinbarung. |
| **3.6.1** | Vollständigkeitsprüfung<br>Die Vollständigkeitsprüfung besteht aus folgenden Einzelprüfungen:<br>1. Vergleich der Lieferung mit der Leistungsbeschreibung sowohl hinsichtlich des Umfanges als auch der Stoffe und gegebenenfalls der Eigenschaften und Ersatzteile,<br>2. Prüfung auf Einhaltung technischer und behördlicher Vorschriften,<br>3. Prüfung, ob alle für das Betreiben der Anlage notwendigen Unterlagen vorhanden sind. | **3.6.1** | Vollständigkeitsprüfung<br>Die Vollständigkeitsprüfung besteht aus folgenden Einzelprüfungen:<br>– Vergleich der Lieferung mit der Leistungsbeschreibung sowohl hinsichtlich des Umfanges als auch der Stoffe und gegebenenfalls der Eigenschaften und Ersatzteile,<br>– Prüfung auf Einhaltung technischer und behördlicher Vorschriften,<br>– Prüfung, ob alle für das Betreiben der Anlage notwendigen Unterlagen vorhanden sind. |

| | 2016 | | 2012 |
|---|---|---|---|
| **3.6.2** | Funktionsprüfung<br><br>Die Funktionsprüfung der Gesamtanlage ist im Rahmen eines Probebetriebes durchzuführen. Sie umfasst:<br>1. die Sicherheitseinrichtungen,<br>2. die Wärmeerzeuger sowie die Heizflächen,<br>3. die Regel- und Schalteinrichtungen.<br><br>Schmutzfänger und Filter sind nach dem Probebetrieb zu reinigen. | **3.6.2** | Funktionsprüfung<br><br>Die Funktionsprüfung der Gesamtanlage ist im Rahmen eines Probebetriebes durchzuführen. Sie umfasst:<br>– die Sicherheitseinrichtungen,<br>– die Wärmeerzeuger sowie die Heizflächen,<br>– die Regel- und Schalteinrichtungen.<br><br>Schmutzfänger und Filter sind nach dem Probebetrieb zu reinigen. |
| **3.7** | Mitzuliefernde Unterlagen<br><br>Der Auftragnehmer hat folgende Unterlagen aufzustellen und dem Auftraggeber spätestens bei der Abnahme nach folgender Sortierung zu übergeben:<br>1. elektrische Übersichtsschaltpläne und Anschlusspläne nach DIN EN 61082-1 (VDE 0040-1) „Dokumente der Elektrotechnik – Teil 1: Regeln“;<br>2. Zusammenstellungen der wichtigsten technischen Daten;<br>3. Kopien der vorgeschriebenen Prüf- und Herstellerbescheinigungen, Verwendbarkeitsnachweise, Fachunternehmererklärungen; | **3.7** | Mitzuliefernde **Unterlagen**<br><br>Der Auftragnehmer hat folgende Unterlagen aufzustellen und dem Auftraggeber spätestens bei der Abnahme zu übergeben:<br>– **Anlagenschemata**,<br>– elektrische Übersichtsschaltpläne und Anschlusspläne nach DIN EN 61082-1 „Dokumente der Elektrotechnik – Teil 1: Regeln“,<br>– Zusammenstellungen der wichtigsten technischen Daten,<br>– Kopien der vorgeschriebenen Prüf- und Herstellerbescheinigungen, |

| | 2016 | | 2012 |
|---|---|---|---|
| | 4. alle für einen sicheren und wirtschaftlichen Betrieb erforderlichen Bedienungs- und Wartungsanleitungen, insbesondere nach DIN EN 12170 „Heizungsanlagen in Gebäuden – Betriebs-, Wartungs- und Bedienungsanleitungen – Heizungsanlagen, die qualifiziertes Bedienungspersonal erfordern“ und DIN EN 12171 „Heizungsanlagen in Gebäuden – Betriebs-, Wartungs- und Bedienungsanleitungen – Heizungsanlagen, die kein qualifiziertes Bedienungspersonal erfordern“;<br>5. Protokolle über die Druckprüfung;<br>6. Protokoll über die Einweisung des Wartungs- und Bedienungspersonals;<br>7. Protokoll über die Abgasmessung.<br>Die Unterlagen sind dem Auftraggeber in Papierform, 3-fach, in deutscher Sprache auszuhändigen. **Begriffe, Abkürzungen, Kurzzeichen, usw. dürfen entsprechend den normativen Regelwerken verwendet werden.** | | – Wartungs- und Bedienungsanleitungen nach DIN EN 12170 „Heizungsanlagen in Gebäuden – Betriebs-, Wartungs- und Bedienungsanleitungen – Heizungsanlagen, die qualifiziertes Bedienungspersonal erfordern“ und DIN EN 12171 „Heizungsanlagen in Gebäuden – Betriebs-, Wartungs- und Bedienungsanleitungen – Heizungsanlagen, die kein qualifiziertes Bedienungspersonal erfordern“,<br>– Protokolle über die Druckprüfung,<br>– Protokoll über die Einweisung des Wartungs- und Bedienungspersonals,<br>– Protokoll über die Abgasmessung.<br>Die Unterlagen sind in 3-facher Ausfertigung **schwarzweiß, Zeichnungen nach Wahl des Auftraggebers stattdessen auch in einfacher Ausfertigung pausfähig,** dem Auftraggeber auszuhändigen. |
| 4 | Nebenleistungen, Besondere Leistungen | 4 | Nebenleistungen, Besondere Leistungen |
| **4.1** | Nebenleistungen sind ergänzend zur ATV DIN 18299, Abschnitt 4.1, insbesondere: | **4.1** | Nebenleistungen sind ergänzend zur ATV DIN 18299, Abschnitt 4.1, insbesondere: |

| | 2016 | | 2012 |
|---|---|---|---|
| | | **4.1.1** | Anzeichnen der Schlitze und Durchbrüche, auch wenn diese von einem anderen Unternehmer auszuführen sind. |
| **4.1.1** | Prüfen der Unterlagen des Auftraggebers nach Abschnitt 3.1.3. | **4.1.2** | Prüfen der Unterlagen des Auftraggebers **nach Abschnitt 3.1.2** und Leistungen nach Abschnitt 3.1.3. |
| **4.1.2** | Auf-, Um- und Abbauen sowie Vorhalten von Gerüsten für eigene Leistungen, sofern **die zu bearbeitende Fläche nicht höher als 3,50 m über der Standfläche des hierfür erforderlichen Gerüstes liegt.** | **4.1.3** | Auf- und Abbauen sowie Vorhalten der Gerüste, **deren Arbeitsbühnen nicht höher als 2 m über Gelände oder Fußboden liegen.** |
| **4.1.3** | Ausgleichen abgestufter oder geneigter Standflächen von Gerüsten bis zu 40 cm Höhenunterschied, z. B. über Treppen oder Rampen. | | |
| **4.1.4** | Typ- und Leistungsschilder. | | |
| **4.1.5** | Anschlüsse, Wand- und Deckendurchführungen ohne besondere Anforderungen, ausgenommen Leistungen nach Abschnitt 4.2.10. | **4.1.4** | Liefern und Einbauen von Wand- und Deckendurchführungen ohne besondere Anforderungen, ausgenommen Leistungen nach Abschnitt 4.2.7. |
| **4.1.6** | Anbringen von Konsolen und Halterungen, ausgenommen Leistungen nach Abschnitt 4.2.12. | | |
| **4.1.7** | Schutz von Bau- und Anlagenteilen vor Verunreinigungen und Beschädigungen durch die Arbeiten an Heiz- und zentralen Wassererwärmungsanlagen **sowie Wärmeverteilanlagen** durch loses Abdecken, Abhängen oder Umwickeln, ausgenommen Schutzmaßnahmen nach Abschnitt 4.2.31. | **4.1.5** | Schutz von Bau- und Anlagenteilen vor Verunreinigungen und Beschädigungen durch die Arbeiten an Heiz- und zentralen Wassererwärmungsanlagen durch loses Abdecken, Abhängen oder Umwickeln, ausgenommen Schutzmaßnahmen nach Abschnitt 4.2.26. |

| | 2016 | | 2012 |
|---|---|---|---|
| **4.1.8** | Vorlegen vorgefertigter Oberflächen- und Farbmuster. | | |
| **4.1.9** | Fertigstellen von Bauteilen in mehreren Arbeitsgängen zur Ermöglichung von Arbeiten anderer Unternehmer, soweit die eigenen Leistungen im Zuge gleichartiger Arbeiten kontinuierlich erbracht werden können. Sind diese Voraussetzungen nicht gegeben, handelt es sich um Besondere Leistungen nach Abschnitt 4.2.32. | | |
| **4.2** | Besondere Leistungen sind ergänzend zur ATV DIN 18299, Abschnitt 4.2, z. B.: | **4.2** | Besondere Leistungen sind ergänzend zur ATV DIN 18299, Abschnitt 4.2, z. B.: |
| **4.2.1** | Planungsleistungen wie Entwurfs-, Ausführungs- und Genehmigungsplanung sowie die Planung von Schlitzen und Durchbrüchen. | **4.2.1** | Planungsleistungen wie Entwurfs-, Ausführungs- und Genehmigungsplanung sowie die Planung von Schlitzen und Durchbrüchen. |
| **4.2.2** | Anzeichnen von Durchbrüchen, wenn deren Ausführung nicht im Leistungsumfang des Auftragnehmers enthalten ist. | | |
| **4.2.3** | Besondere Maßnahmen zur Schalldämmung und Schwingungsdämpfung von Anlagenteilen gegen den Baukörper. | **4.2.2** | Besondere Maßnahmen zur Schalldämmung und Schwingungsdämpfung von Anlagenteilen gegen den Baukörper. |
| **4.2.4** | Vorhalten von Aufenthalts- und Lagerräumen, wenn der Auftraggeber Räume, die leicht verschließbar gemacht werden können, nicht zur Verfügung stellt. | **4.2.3** | Vorhalten von Aufenthalts- und Lagerräumen, wenn der Auftraggeber Räume, die leicht verschließbar gemacht werden können, nicht zur Verfügung stellt. |
| **4.2.5** | Auf-, Um- und Abbauen sowie Vorhalten von Gerüsten für Leistungen anderer Unternehmer. | | |

| | 2016 | | 2012 |
|---|---|---|---|
| **4.2.6** | Auf-, Um- und Abbauen sowie Vorhalten von Gerüsten für eigene Leistungen, sofern die zu **bearbeitende Fläche höher als 3,50 m über der Standfläche des hierfür erforderlichen Gerüstes** liegt. | **4.2.4** | Auf- und Abbauen sowie Vorhalten der Gerüste, **deren Arbeitsbühnen höher als 2 m** über Gelände oder Fußboden liegen. |
| **4.2.7** | Auf-, Um- und Abbauen sowie Vorhalten von Gerüsten mit abgestufter oder geneigter Standfläche, z. B. über Treppen oder Rampen, sofern ein Ausgleich von mehr als 40 cm erforderlich ist. | | |
| **4.2.8** | Herstellen von Schlitzen und Durchbrüchen. | **4.2.5** | **Stemm-, Bohr- und Fräsarbeiten für die Befestigung von Konsolen und Halterungen sowie** das Herstellen von Schlitzen und Durchbrüchen. |
| **4.2.9** | Anpassen von Anlagenteilen an nicht maßgerecht ausgeführte Leistungen anderer Unternehmer. | **4.2.6** | Anpassen von Anlagenteilen an nicht maßgerecht ausgeführte Leistungen anderer Unternehmer. |
| **4.2.10** | **Anschlüsse,** Wand- und Deckendurchführungen mit besonderen Anforderungen, z. B. an die Luftdichtheit, Gasdichtheit, Wasserdichtheit. | **4.2.7** | Wand- und Deckendurchführungen mit besonderen Anforderungen, z. B. luftdicht, gasdicht. |
| | | **4.2.30** | Herstellen von luftdichten Anschlüssen an angrenzende Bauteile. |
| **4.2.11** | Rosetten an Wand- und Deckendurchführungen. | **4.2.8** | Einbau von Rosetten an Wand- und Deckendurchführungen. |

| | 2016 | | 2012 |
|---|---|---|---|
| **4.2.12** | Besondere Befestigungskonstruktionen, z. B. Widerlager, Rohrleitungsfestpunkte, Rohrlager mit Gleit- oder Rollenelementen, Tragschalen, Stützgerüste. | **4.2.9** | Liefern und Einbauen von besonderen Befestigungskonstruktionen, z. B. Widerlager, Rohrleitungsfestpunkte, Rohrlager mit Gleit- oder Rollenelementen, Tragschalen, Konsolen, Stützgerüste. |
| **4.2.13** | Funktions-, Bezeichnungs- und Hinweisschilder. | **4.2.10** | Liefern und Befestigen der Funktions-, Bezeichnungs- und Hinweisschilder. |
| **4.2.14** | Herstellen von Fundamenten für Pumpen, Behälter und sonstige Anlagenteile. | | |
| **4.2.15** | Einbinden, Anschließen und Anbohren an bestehende Rohrleitungen, Schächte und Anlagenteile. | | |
| **4.2.16** | Prüfen der elektrischen Verkabelung und der Mess-, Steuer- und Regelanlage sowie Abstellen einer Fachkraft bei der Inbetriebnahme der Mess-, Steuer- und Regelanlage, wenn die Leistungen nicht vom Auftragnehmer ausgeführt wurden. | **4.2.11** | Prüfen der elektrischen Verkabelung und der Steuer- und Regelanlage sowie Abstellen einer Fachkraft bei der Inbetriebnahme der Steuer- und Regelanlage, wenn die Leistungen nicht vom Auftragnehmer ausgeführt wurden. |
| **4.2.17** | Liefern der für die Druckprüfung, die Inbetriebnahme und den Probebetrieb nötigen Betriebsstoffe und Medien. | **4.2.12** | Liefern der für die Druckprüfung, die Inbetriebnahme und den Probebetrieb nötigen Betriebsstoffe und Medien. |
| **4.2.18** | Leistungen für provisorische Maßnahmen zum Betreiben der Anlage oder von Anlagenteilen vor der Abnahme auf Anordnung des Auftraggebers, z. B. Belegreifheizen des Estrichs. | **4.2.13** | Provisorische Maßnahmen zum Betreiben der Anlage oder von Anlagenteilen vor der Abnahme auf Anordnung des Auftraggebers, z. B. Belegreifheizen des Estrichs. |
| **4.2.19** | Betreiben der Anlagen oder von Anlagenteilen. | **4.2.14** | Betreiben der Anlagen oder von Anlagenteilen. |

| | 2016 | | 2012 |
|---|---|---|---|
| **4.2.20** | Zusätzliche Druckprüfung sowie zusätzliches Füllen – auch mit Frostschutzmitteln – und Entleeren der Leitungen aus Gründen, die der Auftraggeber zu vertreten hat. | **4.2.15** | Zusätzliche Druckprüfung sowie zusätzliches Füllen – auch mit Frostschutzmitteln – und Entleeren der Leitungen aus Gründen, die der Auftraggeber zu vertreten hat. |
| **4.2.21** | Besondere Prüfungen, z. B. Prüfung von Lötnähten, Schweißnähten, Luftdichtheit der Gebäudehülle. | **4.2.16** | Besondere Prüfungen **auf Verlangen des Auftraggebers**, z. B. Prüfung von Lötnähten, Schweißnähten, Luftdichtheit der Gebäudehülle. |
| **4.2.22** | Wasseranalysen und Gutachten. | **4.2.17** | Wasseranalysen und Gutachten. |
| **4.2.23** | Aufwendungen für **vorgeschriebene anlagenspezifische, technische** Abnahmeprüfungen. | **4.2.18** | Übernahme der Gebühren **für behördlich vorgeschriebene** Abnahmeprüfungen. |
| **4.2.24** | Wiederholtes Einweisen des Bedienungs- und Wartungspersonals (siehe Abschnitt 3.5.3). | **4.2.19** | Wiederholtes Einweisen des Bedienungs- und Wartungspersonals (siehe Abschnitt 3.5.3). |
| **4.2.25** | Funktionsmessung nach Abschnitt 3.6, einschließlich deren Dokumentation. | **4.2.20** | Funktionsmessung nach Abschnitt 3.6. |
| **4.2.26** | Erstellen von Bestandsplänen, **Funktions- und Strangschemata.** | **4.2.21** | Erstellen von Bestandsplänen. |
| **4.2.27** | Dokumentation des hydraulischen Abgleichs mit Hilfe von Messgeräten und des Vergleichs mit den rechnerisch ermittelten Einstellungen nach Abschnitt 3.5.1. | **4.2.22** | Dokumentation des hydraulischen Abgleichs mit Hilfe von Messgeräten und des Vergleichs mit den rechnerisch ermittelten Einstellungen nach Abschnitt 3.5.1. |
| **4.2.28** | Spülen von Rohrleitungen und Anlagenteilen einschließlich deren Dokumentation, einschließlich der Gestellung der dazu erforderlichen Geräte und Betriebsstoffe. | **4.2.23** | Spülen von Heizleitungen und Anlagenteilen, die nicht zu den vertraglichen Leistungen gehören, einschließlich der Gestellung der dazu erforderlichen Geräte und Betriebsstoffe. |

| | 2016 | | 2012 |
|---|---|---|---|
| | | **4.2.24** | Liefern von Vorgaben für Systeme zum Messen, Steuern, Regeln und Leiten für Anlagen und Anlagenteile, die nicht zu den vertraglichen Leistungen gehören. |
| **4.2.29** | Bereitstellen von zusätzlichen Daten, die über die Angaben von VDI 3813 und VDI 3814 hinausgehen. | | |
| **4.2.30** | Besondere Maßnahmen für den Brandschutz bei Schweiß- und Lötarbeiten, z. B. Stellen einer Brandwache. | **4.2.25** | Besondere Maßnahmen für den Brandschutz bei Schweiß- und Lötarbeiten, z. B. Stellen einer Brandwache. |
| **4.2.31** | Besonderer Schutz von Bau- und Anlagenteilen sowie Einrichtungsgegenständen, z. B. Abkleben von Fenstern, Türen, Böden, Belägen, Treppen, Hölzern, Dachflächen, oberflächenfertigen Teilen, staubdichtes Abkleben von empfindlichen Einrichtungen und technischen Geräten, Staubschutzwände, Notdächer, Auslegen von Hartfaserplatten oder Bautenschutzfolien **ab 0,2 mm Dicke.** | **4.2.26** | Besondere Maßnahmen zum Schutz von Bau- und Anlagenteilen sowie Einrichtungsgegenständen, z. B. Abkleben von Fenstern, Türen, Böden, Belägen, Treppen, Hölzern, Dachflächen, oberflächenfertigen Teilen, staubdichtes Abkleben von empfindlichen Einrichtungen und technischen Geräten, Staubschutzwände, Notdächer, Auslegen von Hartfaserplatten oder Bautenschutzfolien. |
| **4.2.32** | Fertigstellen von Bauteilen in mehreren Arbeitsgängen zur Ermöglichung von Arbeiten anderer Unternehmer, soweit die eigenen Leistungen nicht im Zuge gleichartiger Arbeiten kontinuierlich erbracht werden können (siehe Abschnitt 4.1.9). | | |

| | 2016 | | 2012 |
|---|---|---|---|
| **4.2.33** | Maßnahmen zum Schutz vor ungeeigneten Bedingungen, **die sich aus der Witterung oder dem Raumklima ergeben**, nach Abschnitt 3.1.5. | **4.2.27** | Maßnahmen zum Schutz vor ungeeigneten **klimatischen** Bedingungen nach Abschnitt 3.1.5. |
| **4.2.34** | Maßnahmen für den Brand-, Schall-, Wärme-, Feuchte- und Strahlenschutz, soweit diese über die Leistungen nach Abschnitt 3 hinausgehen. | **4.2.28** | Maßnahmen für den Brand-, Schall-, Wärme-, Feuchte- und Strahlenschutz, soweit diese über die Leistungen nach Abschnitt 3 hinausgehen. |
| **4.2.35** | Reinigen des Untergrundes von grober Verschmutzung, z. B. Gipsreste, Mörtelreste, Farbreste, Öl, soweit diese nicht durch den Auftragnehmer verursacht wurde. | **4.2.29** | Reinigen des Untergrundes von grober Verschmutzung, z. B. Gipsreste, Mörtelreste, Farbreste, Öl, soweit diese nicht durch den Auftragnehmer verursacht wurde. |
| **5** | Abrechnung<br>Ergänzend zur ATV DIN 18299, Abschnitt 5, gilt: | **5** | Abrechnung<br>Ergänzend zur ATV DIN 18299, Abschnitt 5, gilt: |
| **5.1** | **Allgemeines**<br>Der Ermittlung der Leistung – gleichgültig, ob sie nach Zeichnung oder nach Aufmaß erfolgt – sind zugrunde zu legen<br>1. die Maße der hergestellten Anlagen oder Anlagenteile, Stücklisten dürfen hinzugezogen werden, | **5.1** | Der Ermittlung der Leistung – gleichgültig, ob sie nach Zeichnungen oder nach Aufmaß erfolgt – sind die Maße der Anlagenteile zugrunde zu legen. Stücklisten dürfen hinzugezogen werden. |

| | 2016 | | 2012 |
|---|---|---|---|
| **5.1** | 2. für Flächenheizungen, z. B. Fußbodenheizungen, die nach Flächenmaß abgerechnet werden:<br>1. auf Flächen mit begrenzenden Bauteilen die Maße der belegten Flächen bis zu den sie begrenzenden, ungeputzten, ungedämmten, nicht bekleideten Bauteilen,<br>2. auf Flächen ohne begrenzende Bauteile die Maße der belegten Flächen.<br>**Zur Leistungsermittlung sind die vereinfachenden Regeln, wie Übermessungsregeln und Einzelregelungen anzuwenden.** | **5.2** | Bei Abrechnung nach Flächenmaß für Flächenheizungen, z. B. Fußbodenheizungen, sind zugrunde zu legen:<br>– auf Flächen mit begrenzenden Bauteilen die Maße der belegten Flächen bis zu den sie begrenzenden, ungeputzten, ungedämmten, nicht bekleideten Bauteilen,<br>– auf Flächen ohne begrenzende Bauteile die Maße der belegten Flächen. |
| **5.2** | Ermittlung der Maße/Mengen | | |
| **5.2.1** | Bei Abrechnung nach Längenmaß werden Rohrleitungen in der Mittelachse gemessen. Dabei werden Rohrbögen bis zum Schnittpunkt der Mittelachsen gemessen. Armaturen, **Rohrbögen** und Formstücke werden zusätzlich gerechnet. | **5.3** | Bei Abrechnung nach Längenmaß werden Rohrleitungen einschließlich ihrer Bögen sowie Form-, Pass- und Verbindungsstücke in der Mittelachse gemessen. Dabei werden Rohrbögen bis zum Schnittpunkt der Mittelachsen gemessen. Armaturen und Formstücke werden zusätzlich gerechnet. |
| **5.2.2** | Bei Abrechnung nach Masse ist diese nach folgenden Grundsätzen zu berechnen: | **5.4** | Bei Abrechnung nach Masse ist diese nach folgenden Grundsätzen zu berechnen: |

| | 2016 | | 2012 |
|---|---|---|---|
| **5.2.2.1** | Es sind anzusetzen:<br>1. bei Stahlblechen und Bandstahl **7,85** kg/m² je 1 mm Dicke,<br>2. bei genormten Profilen die Masse nach den Angaben in den DIN-Normen,<br>3. bei anderen Profilen die Masse nach den Angaben in den Profilbüchern der Hersteller. | **5.4.1** | Es sind anzusetzen:<br>– bei Stahlblechen und Bandstahl **8** kg/m² je 1 mm Dicke,<br>– bei genormten Profilen die Masse nach den Angaben in den DIN-Normen **mit einem Zuschlag von 2 % für Walztoleranzen,**<br>– bei anderen Profilen die Masse nach den Angaben in den Profilbüchern der Hersteller. |
| **5.2.2.2** | Bei der Berechnung der Masse bleiben **unberücksichtigt**: Verbindungsmittel, z. B. Schrauben, Niete, Schweißgut. | **5.4.2** | Bei geschraubten, geschweißten oder genieteten Stahlkonstruktionen werden der nach Abschnitt 5.4.1 ermittelten Masse 2 % **zugeschlagen**. |
| **5.2.2.3** | Bei verzinkten Bauteilen oder verzinkten Konstruktionen werden zu den Massen, die nach den zuvor genannten Grundsätzen ermittelt wurden, 5 % aufgrund der Gewichtszunahme durch das Verzinken zugeschlagen. | **5.4.3** | Bei verzinkten Bauteilen oder verzinkten Konstruktionen werden zu den Massen, die nach den zuvor genannten Grundsätzen ermittelt wurden, 5 % für die Verzinkung zugeschlagen. |
| **5.3** | **Übermessungsregeln**<br>Übermessen werden: | | |
| **5.3.1** | Bei Abrechnung nach Flächenmaß<br>– bei Fußbodenheizungen Aussparungen ≤ 2,5 m². | | |

| | 2016 | | 2012 |
|---|---|---|---|
| **5.3.2** | Bei Abrechnung nach Längenmaß<br>1. Armaturen,<br>2. Rohrbögen,<br>3. Form-, Pass- und Verbindungsstücke. | | |
| **5.4** | **Einzelregelungen**<br>Keine Regelungen. | | |

DEUTSCHE NORM

September 2016

**DIN 18380**

ICS 91.010.20; 91.140.10; 91.140.65

Ersatz für
DIN 18380:2012-09

# VOB Vergabe- und Vertragsordnung für Bauleistungen – Teil C: Allgemeine Technische Vertragsbedingungen für Bauleistungen (ATV) – Heizanlagen und zentrale Wassererwärmungsanlagen

German construction contract procedures (VOB) –
Part C: General technical specifications in construction contracts (ATV) –
Installation of central heating systems and hot water supply systems

Cahier des charges allemand pour des travaux de bâtiment (VOB) –
Partie C: Clauses techniques générales pour l'exécution des travaux de bâtiment (ATV) –
Installations de chauffage et de chauffage centrale d'eau

Gesamtumfang 21 Seiten

DIN-Normenausschuss Bauwesen (NABau)



Preisgruppe 8
www.din.de
www.beuth.de

2532444

## Vorwort

Dieses Dokument wurde vom Deutschen Vergabe- und Vertragsausschuss für Bauleistungen (DVA) aufgestellt.

**Änderungen**

Gegenüber DIN 18380:2012-09 wurden folgende Änderungen vorgenommen:

a) das Dokument wurde zur Anpassung an die Entwicklung des Baugeschehens fachtechnisch überarbeitet;

b) die Verweisungen auf VOB/A wurden aktualisiert;

c) Abschnitt 5 „Abrechnung" wurde überarbeitet;

d) die Normenverweisungen wurden aktualisiert — Stand 2016-04.

**Frühere Ausgaben**

DIN 1979: 1925-08, 1938-11, 1943-03

DIN 18380: 1955-07, 1958-12, 1974-08, 1976-09, 1979-10, 1988-09, 1990-07, 1992-12, 1996-06, 1998-05, 2000-12, 2002-12, 2006-10, 2010-04, 2012-09

## Normative Verweisungen

Die folgenden Dokumente, die in diesem Dokument teilweise oder als Ganzes zitiert werden, sind für die Anwendung dieses Dokuments erforderlich. Bei datierten Verweisungen gilt nur die in Bezug genommene Ausgabe. Bei undatierten Verweisungen gilt die letzte Ausgabe des in Bezug genommenen Dokuments (einschließlich aller Änderungen).

DIN 1960, *VOB Vergabe- und Vertragsordnung für Bauleistungen — Teil A: Allgemeine Bestimmungen für die Vergabe von Bauleistungen*

DIN 1961, *VOB Vergabe- und Vertragsordnung für Bauleistungen — Teil B: Allgemeine Vertragsbedingungen für die Ausführung von Bauleistungen*

DIN 4109, *Schallschutz im Hochbau — Anforderungen und Nachweise*

DIN 4703-3, *Raumheizkörper — Teil 3: Umrechnung der Norm-Wärmeleistung*

DIN 4754 (alle Teile), *Wärmeübertragungsanlagen mit organischen Wärmeträgern*

DIN 4755, *Ölfeuerungsanlagen — Technische Regel Ölfeuerungsinstallation (TRÖ) — Prüfung*

DIN 18299, *VOB Vergabe- und Vertragsordnung für Bauleistungen — Teil C: Allgemeine Technische Vertragsbedingungen für Bauleistungen (ATV) — Allgemeine Regelungen für Bauarbeiten jeder Art*

DIN EN 1057, *Kupfer und Kupferlegierungen — Nahtlose Rundrohre aus Kupfer für Wasser- und Gasleitungen für Sanitärinstallationen und Heizungsanlagen*

DIN EN 1264-1, *Raumflächenintegrierte Heiz- und Kühlsysteme mit Wasserdurchströmung — Teil 1: Definitionen und Symbole*

DIN EN 1264-4, *Raumflächenintegrierte Heiz- und Kühlsysteme mit Wasserdurchströmung — Teil 4: Installation*

DIN EN 1610, *Verlegung und Prüfung von Abwasserleitungen und -kanälen*

DIN EN 12170, *Heizungsanlagen in Gebäuden — Betriebs-, Wartungs- und Bedienungsanleitungen — Heizungsanlagen, die qualifiziertes Bedienungspersonal erfordern*

DIN EN 12171, *Heizungsanlagen in Gebäuden — Betriebs-, Wartungs- und Bedienungsanleitungen — Heizungsanlagen, die kein qualifiziertes Bedienungspersonal erfordern*

DIN EN 12977-1, *Thermische Solaranlagen und ihre Bauteile - Kundenspezifisch gefertigte Anlagen — Teil 1: Allgemeine Anforderungen an Solaranlagen zur Trinkwassererwärmung und solare Kombianlagen*

DIN EN 14336, *Heizungsanlagen in Gebäuden — Installation und Abnahme der Warmwasser-Heizungsanlagen*

DIN EN 60051-1, *Direkt wirkende anzeigende elektrische Messgeräte und ihr Zubehör — Messgeräte mit Skalenanzeige — Teil 1: Definitionen und allgemeine Anforderungen für alle Teile dieser Norm*

DIN EN 60529 (VDE 0470-1), *Schutzarten durch Gehäuse (IP-Code)*

DIN EN 60848, *GRAFCET, Spezifikationssprache für Funktionspläne der Ablaufsteuerung*

DIN EN 61082-1 (VDE 0040-1), *Dokumente der Elektrotechnik — Teil 1: Regeln*

DIN V 18160-1, *Abgasanlagen — Teil 1: Planung und Ausführung*

Richtlinien der Reihe
VDI 3813, *Gebäudeautomation (GA)**)

Richtlinien der Reihe
VDI 3814, *Gebäudeautomation (GA)**)

AGFW-Richtlinien**)

DVGW G 600, DVGW-TRGI, *Technische Regel für Gasinstallationen* ***)

DVFG-TRF, *Technische Regeln Flüssiggas****)

TRGS 509, *Technische Regeln für Gefahrstoffe — Lagern von flüssigen und festen Gefahrstoffen in ortsfesten Behältern sowie Füll- und Entleerstellen für ortsbewegliche Behälter*****)

TRwS 791-1, *Technische Regel wassergefährdender Stoffe (TRwS) — Heizölverbraucheranlagen — Teil 1: Errichtung, betriebliche Anforderungen und Stilllegung von Heizölverbraucheranlagen******)

---

*) Autor: VDI — Gesellschaft Bauen und Gebäudetechnik, VDI-Platz 1, 40468 Düsseldorf, www.vdi.de. Zu beziehen durch: Beuth Verlag GmbH, 10772 Berlin, www.beuth.de.

**) Autor: AGFW — Der Energieeffizienzverband für Wärme, Kälte und KWK e.V. Stresemannallee 30, 60596 Frankfurt am Main, www.agfw.de. Zu beziehen durch AGFW-Projektgesellschaft für Rationalisierung, Information und Standardisierung, Stresemannallee 30, 60596 Frankfurt am Main, www.agfw.de

***) Autor: DVGW Deutscher Verein des Gas- und Wasserfaches e. V., Technisch wissenschaftlicher Verein, Josef-Wirmer-Str. 1-3, 53123 Bonn, www.dvgw.de. Zu beziehen durch: Wirtschafts- und Verlagsgesellschaft Gas und Wasser mbH, Josef-Wirmer-Str. 3, 53123 Bonn, www.wvgw.de. Zu beziehen durch: Beuth Verlag GmbH, 10772 Berlin, www.beuth.de.

****) Autor: Ausschuss für Gefahrstoffe der BAuA Bundesanstalt für Arbeitsschutz und Arbeitsmedizin, Friedrich-Henkel-Weg 1-25, 44149 Dortmund. www.baua.de. Zu beziehen durch: Beuth Verlag GmbH, 10772 Berlin, www.beuth.de.

*****) Autor: DWA Deutsche Vereinigung für Wasserwirtschaft, Abwasser und Abfall e. V., Theodor-Heuss-Allee 17, 53773 Hennef, www.dwa.de. Zu beziehen durch: Beuth Verlag GmbH, 10772 Berlin, www.beuth.de.

DIN 18380:2016-09

## Inhalt



### *0 Hinweise für das Aufstellen der Leistungsbeschreibung*

*Diese Hinweise ergänzen die ATV DIN 18299 „Allgemeine Regelungen für Bauarbeiten jeder Art", Abschnitt 0. Die Beachtung dieser Hinweise ist Voraussetzung für eine ordnungsgemäße Leistungsbeschreibung gemäß §§ 7 ff., §§ 7 EU ff. beziehungsweise §§ 7 VS ff. VOB/A.*

*Die Hinweise werden nicht Vertragsbestandteil.*

*In der Leistungsbeschreibung sind nach den Erfordernissen des Einzelfalls insbesondere anzugeben:*

#### *0.1 Angaben zur Baustelle*

***0.1.1*** *Hauptwindrichtung.*

***0.1.2*** *Ausbildung von Baugruben.*

***0.1.3*** *Bebauung der Umgebung.*

***0.1.4*** *Art der Abdichtung von Bauwerken und Bauwerksteilen, z. B. Wannenausbildung von Kellern.*

***0.1.5*** *Aufbau der Fußboden- und Dachkonstruktion, Dämmung und Abdichtung.*

***0.1.6*** *Art und Umfang der Schutzmaßnahmen entsprechend VDE-Bestimmungen.*

***0.1.7*** *Art, Lage, Maße und Ausbildung sowie Termine des Auf- und Abbaus von bauseitigen Gerüsten.*

***0.2 Angaben zur Ausführung***

***0.2.1*** *Anzahl, Art, Lage, Maße, Stoffe und Ausbildung der herzustellenden Anlagen.*

***0.2.2*** *Umfang der vom Auftragnehmer vorzunehmenden Installation der anlageninternen elektrischen Leitungen einschließlich Auflegen auf die Klemmen.*

***0.2.3*** *Art und Bedarfe, z. B. thermischer Energiebedarf, anderer, nicht zur vertraglichen Leistung gehörender Komponenten.*

***0.2.4*** *Geforderte Druckstufen für Anlagenteile.*

***0.2.5*** *Beibringen von Genehmigungen, Prüfungen und Abnahmen, z. B. Behälterprüfungen nach der Betriebssicherheitsverordnung (BetrSichV).*

***0.2.6*** *Zerstörungsfreie Prüfungen bei Hochdruckleitungen und schwer zugänglichen Leitungen.*

***0.2.7*** *Anzahl, Art und Maße von Mustern und Musterkonstruktionen. Ort der Anbringung.*

***0.2.8*** *Art und Umfang von Leistungen für den Winterbau.*

***0.2.9*** *Schutz von Bau- und Anlagenteilen, Einrichtungsgegenständen und dergleichen.*

***0.2.10*** *Minderung der Wärmeleistung der Raumheizflächen durch Heizkörperverkleidungen oder sonstige Maßnahmen.*

***0.2.11*** *Besondere Anforderungen an Wand- und Deckendurchführungen.*

***0.2.12*** *Anforderungen an den Brand-, Schall-, Wärme-, Feuchte- und Strahlenschutz, Energieeffizienz sowie an die Luftdichtheit der Gebäudehülle. Art und Umfang erforderlicher Leistungen.*

***0.2.13*** *Anforderungen an die auf den Rohfußboden zu verlegenden Leitungen.*

***0.2.14*** *Art und Umfang von Leistungen zur Schaffung von Zonen mit unterschiedlichen raumklimatischen Anforderungen.*

***0.2.15*** *Anforderungen an die Wärmedämmung der auf dem Rohfußboden verlegten Leitungen.*

***0.2.16*** *Besondere physikalische und chemische Beanspruchungen, denen Stoffe und Bauteile nach dem Einbau ausgesetzt sind.*

***0.2.17*** *Art und Umfang von Korrosionsschutzmaßnahmen (siehe Abschnitte 2.1 und 3.1.1) und Maßnahmen zur Vermeidung von Steinbildung (siehe Abschnitt 3.1.1).*

***0.2.18*** *Art und Umfang der Kennzeichnung von Rohrleitungen.*

***0.2.19*** *Art und Umfang von Provisorien, z. B. vorübergehende Versorgung durch eine transportable Heizzentrale, Bereitstellung von Brennstoff, Bedienungspersonal.*

***0.2.20*** *Vorgezogenes oder nachträgliches Herstellen von Teilen der Leistung. Zeitpunkte der — gegebenenfalls stufenweisen — Fertigstellung und Inbetriebnahme.*

***0.2.21*** *Schnittstellen zu anderen Gewerken.*

***0.2.22*** *Angaben zur Gebäudeautomation, z. B. Schnittstellen, Schnittstellendefinition.*

***0.2.23*** *Art und Umfang von Leistungen zur gewerkeübergreifenden Inbetriebnahme.*

***0.2.24*** *Durchführung von Funktionsmessungen.*

***0.2.25*** *Art und Umfang der bereit zu stellenden und zu übergebenden Unterlagen vor der Montage bzw. zur Bestandsdokumentation, z. B.:*

- *Funktions- und Strangschemata,*
- *Bestandspläne der errichteten Anlagen,*
- *Stückliste, enthaltend alle Mess-, Steuerungs- und Regelgeräte (MSR),*
- *Stromlaufplan und gegebenenfalls Funktionsplan der Steuerung nach DIN EN 60848 „GRAFCET, Spezifikationssprache für Funktionspläne der Ablaufsteuerung“,*
- *Funktionsbeschreibung unter Einbeziehung der Regelung mit Darstellung der Regelschemata,*
- *Protokolle über die im Rahmen der Einregulierungsarbeiten durchgeführten endgültigen Einstellungen und Messungen,*
- *Ersatzteillisten,*
- *Berechnung des Energiebedarfs,*
- *Berechnung der Netze und Einstellwerte,*
- *Diagramme und Kennlinienfelder,*
- *Informationslisten bei MSR-Anlagen in DDC-Technik (siehe Richtlinien der Reihe VDI 3814 „Gebäudeautomation (GA)“)[1].*

***0.2.26*** *Art, Verfahren und Umfang des Spülens von Rohrleitungen.*

***0.2.27*** *Angebot eines Instandhaltungs- bzw. Wartungsvertrages.*

***0.2.28*** *Art und Umfang der dem Auftragnehmer für die Beurteilung und Ausführung der Anlage zu liefernden Planungsunterlagen und Berechnungen.*

***0.2.29*** *Möglichkeiten zur Aufnahme von Kräften hängender Bauteile und Apparate.*

***0.2.30*** *Art und Umfang von Zustandsprüfungen vorhandener Rohrleitungen und Anlagenteile.*

***0.2.31*** *Beschaffenheit des Füllwassers.*

---

[1] Autor: VDI — Gesellschaft Bauen und Gebäudetechnik, VDI-Platz 1, 40468 Düsseldorf, www.vdi.de. Zu beziehen durch: Beuth Verlag GmbH, 10772 Berlin, www.beuth.de.

*0.2.32* Bauteilfertigung nach Ausführungsplan oder nach örtlichem Aufmaß.

*0.2.33* Art, Beschaffenheit und Festigkeit des Untergrundes, z. B. Stahl, Beton, verputztes oder unverputztes Mauerwerk, Holz.

*0.2.34* Anzahl, Art, Maße und Ausbildung von Abschlüssen und Anschlüssen an angrenzende Bauteile, z. B. luftdichte Anschlüsse.

*0.2.35* Art, Lage, Maße und Ausbildung von Bewegungs-, Bauwerks- und Bauteilfugen.

*0.2.36* Anzahl, Art, Lage und Maße von herzustellenden oder zu schließenden Aussparungen.

*0.2.37* Anzahl, Art, Lage, Maße und Massen von Installations- und Einbauteilen.

*0.2.38* Gestaltung und Einteilung von Flächen sowie Raster- und Fugenausbildung.

*0.2.39* Anzahl, Art, Lage, Maße und Beschaffenheit von geneigten, gebogenen oder andersartig geformten Flächen.

### 0.3 Einzelangaben bei Abweichungen von den ATV

*0.3.1* Wenn andere als die in dieser ATV vorgesehenen Regelungen getroffen werden sollen, sind diese in der Leistungsbeschreibung eindeutig und im Einzelnen anzugeben.

*0.3.2* Abweichende Regelungen können insbesondere in Betracht kommen bei

| | |
|---|---|
| Abschnitt 3.7, | wenn die geforderten Unterlagen nicht in 3-facher Ausfertigung in Papierform und in deutscher Sprache geliefert werden sollen, sondern in größerer Stückzahl oder in anderer Form auszuhändigen sind, z. B. Zeichnungen unter Glas, auf Datenträger. |

## 0.4 Einzelangaben zu Nebenleistungen und Besonderen Leistungen

Keine ergänzende Regelung zur ATV DIN 18299, Abschnitt 0.4.

### 0.5 Abrechnungseinheiten

Im Leistungsverzeichnis sind die Abrechnungseinheiten wie folgt vorzusehen:

*0.5.1* Flächenmaß ($m^2$), getrennt nach Art, Aufbau und mittlerem Verlegeabstand, für Flächenheizungen, z. B. Fußbodenheizungen.

*0.5.2* Längenmaß (m), getrennt nach Art und Maßen, für

- Rohrleitungen,
- Befestigungsschienen,
- Spülen von Rohrleitungen.

*0.5.3* Anzahl (St), getrennt nach Art und Maßen, für

- Rohrbögen, Formstücke und Befestigungselemente einschließlich Schweiß-, Löt- und Dichtungsstoffe in Rohrleitungen,

- *Verbindungselemente, z. B. Manschetten, Verschraubungen, Flanschverbindungen,*
- *Wand- und Deckendurchführungen mit besonderen Anforderungen, z. B. luftdicht oder gasdicht,*
- *Einzelbefestigungen für Rohrleitungen, Tragkonstruktionen, Festpunkte,*
- *Apparate, Verteiler, Sammler,*
- *Wärmeerzeuger, Wassererwärmer, Abgasanlagen, Regelungen,*
- *Heizflächen aller Art,*
- *Abnehmen, Wiederaufstellen und Wiederanschließen schon montierter Heizflächen,*
- *Funktions-, Bezeichnungs- und Hinweisschilder,*
- *Bauteile mit besonderen Anforderungen an den Schallschutz, z. B. an die Körperschalldämmung,*
- *Bauteile für Brandschutzmaßnahmen,*
- *alle übrigen Teile, wie*
  - *Einrichtungen zur Regelung und Anzeige von Temperatur, Druck, Wasserstand und dergleichen,*
  - *Sicherheitseinrichtungen für Temperatur, Druck, Wasserstand und dergleichen,*
- *Pumpen und Armaturen.*

***0.5.4*** *Masse (kg, t), getrennt nach Art und Maßen, für*

- *besondere Befestigungskonstruktionen, z. B. Tragkonstruktionen, Festpunkte,*
- *Frostschutzmittel,*
- *organische Wärmeträger.*

## 1 Geltungsbereich

**1.1** Die ATV DIN 18380 „Heizanlagen und zentrale Wassererwärmungsanlagen“ gilt für das Herstellen von Heizanlagen mit zentraler Wärmeerzeugung sowie von zentralen Wassererwärmungsanlagen. Die ATV DIN 18380 gilt auch für das Herstellen von Wärmeverteilanlagen (Heiz- und Kühlanlagen), bei denen Wasser oder Wassergemische als Energieträger verwendet werden.

**1.2** Ergänzend gilt die ATV DIN 18299 „Allgemeine Regelungen für Bauarbeiten jeder Art“, Abschnitte 1 bis 5. Bei Widersprüchen gehen die Regelungen der ATV DIN 18380 vor.

## 2 Stoffe, Bauteile

Ergänzend zur ATV DIN 18299, Abschnitt 2, gilt:

### 2.1 Allgemeines

Sofern es der Verwendungszweck erfordert, müssen Stoffe und Bauteile korrosionsgeschützt sein.

Maschinelle Bauteile und Wärmeübertrager müssen mit Typ- und Leistungsschildern versehen sein. Beschilderungen an Bauteilen, z. B. Schilder, Skalen, Hinweise, müssen in deutscher Sprache und entsprechend dem „Gesetz über Einheiten im Messwesen und die Zeitbestimmung" ausgeführt sein.

Für die gebräuchlichsten Stoffe und Bauteile sind die DIN-Normen und weitere Anforderungen nachstehend aufgeführt.

### 2.2 Technische Regeln

#### 2.2.1 Dampfanlagen

Technische Regeln für Dampfkessel (TRD)

#### 2.2.2 Flüssige Brennstoffe

TRGS 509, Technische Regeln für Gefahrstoffe — Lagern von flüssigen und festen Gefahrstoffen in ortsfesten Behältern sowie Füll und Entleerstellen für ortsbewewegliche Behälter[2].

#### 2.2.3 Gasförmige Brennstoffe

DVFG-TRF, Technische Regeln Flüssiggas[3]

DVGW G 600, DVGW-TRGI, Technische Regel für Gasinstallationen[3].

#### 2.2.4 Fernwärme

AGFW-Richtlinien[4]

### 2.3 Bauteile

**2.3.1** Rohre, z. B. Kupferrohre nach DIN EN 1057 „Kupfer- und Kupferlegierungen — Nahtlose Rundrohre aus Kupfer für Wasser- und Gasleitungen für Sanitärinstallationen und Heizungsanlagen", dürfen auch mit werkseitig aufgebrachter Wärmedämmung oder Kunststoffummantelung verwendet werden.

---

2) Autor: Ausschuss für Gefahrstoffe der BAuA Bundesanstalt für Arbeitsschutz und Arbeitsmedizin, Friedrich-Henkel-Weg 1-25, 44149 Dortmund. www.baua.de. Zu beziehen durch: Beuth Verlag GmbH, 10772 Berlin, www.beuth.de.

3) Autor: DVGW Deutscher Verein des Gas- und Wasserfaches e. V., Technisch wissenschaftlicher Verein, Josef-Wirmer-Str. 1-3, 53123 Bonn, www.dvgw.de. Zu beziehen durch: Wirtschafts- und Verlagsgesellschaft Gas und Wasser mbH, Josef-Wirmer-Str. 3, 53123 Bonn, www.wvgw.de. Zu beziehen durch: Beuth Verlag GmbH, 10772 Berlin, www.beuth.de.

4) Autor: AGFW — Der Energieeffizienzverband für Wärme, Kälte und KWK e.V. Stresemannallee 30, 60596 Frankfurt am Main, www.agfw.de. Zu beziehen durch AGFW-Projektgesellschaft für Rationalisierung, Information und Standardisierung, Stresemannallee 30, 60596 Frankfurt am Main, www.agfw.de.

**2.3.2** Elektrische Messgeräte müssen der Genauigkeitsklasse E-1,5 nach DIN EN 60051-1 „Direkt wirkende anzeigende elektrische Messgeräte und ihr Zubehör — Messgeräte mit Skalenanzeige — Teil 1: Definitionen und allgemeine Anforderungen für alle Teile dieser Norm" entsprechen.

**2.3.3** Schaltschränke müssen mindestens der Schutzart IP 43 nach DIN EN 60529 (VDE 0470-1) „Schutzarten durch Gehäuse (IP-Code)" entsprechen.

**2.3.4** Bei Verwendung von Bauteilen zur Anbindung an die Gebäudeautomation sind die Richtlinien der Reihe VDI 3813[1)] und VDI 3814[1)] „Gebäudeautomation (GA)" zu beachten.

## 3 Ausführung

Ergänzend zur ATV DIN 18299, Abschnitt 3, gilt:

### 3.1 Allgemeines

**3.1.1** Die Bauteile von Heizanlagen und Wassererwärmungsanlagen sind so aufeinander abzustimmen, dass die geforderte Leistung erbracht, die Betriebssicherheit gegeben und ein sparsamer und wirtschaftlicher Betrieb möglich ist. Korrosionsvorgänge und Steinbildung müssen weitgehend eingeschränkt werden. Das gilt insbesondere für Wärmeerzeuger, Beheizungseinrichtungen, Abgasanlagen, vorgesehene Brennstoffe oder Energiearten und die Eigenschaften des Energieträgers. Einflüsse durch Temperatur, Druck, Abgase und dergleichen sind zu berücksichtigen.

**3.1.2** Der Auftragnehmer hat dem Auftraggeber vor Beginn der Montagearbeiten alle Angaben zu machen, die für den ungehinderten Einbau und ordnungsgemäßen Betrieb der Anlage notwendig sind.

Der Auftragnehmer hat nach den Planungsunterlagen und Berechnungen des Auftraggebers die für die Ausführung erforderliche Montage- und Werkstattplanung zu erbringen und, soweit erforderlich, mit dem Auftraggeber abzustimmen.

Dazu gehören insbesondere:

— Montagepläne,

— Werkstattzeichnungen,

— Stromlaufpläne,

— Fundamentpläne.

---

1) Autor: VDI — Gesellschaft Bauen und Gebäudetechnik, VDI-Platz 1, 40468 Düsseldorf, www.vdi.de. Zu beziehen durch: Beuth Verlag GmbH, 10772 Berlin, www.beuth.de.

Der Auftragnehmer hat dem Auftraggeber rechtzeitig die Angaben über die

— Massen der Einbauteile,
— Stromaufnahme und gegebenenfalls den Anlaufstrom der elektrischen Bauteile und,
— sonstigen Erfordernisse für den Einbau

zu machen.

Zu den für die Ausführung nötigen, vom Auftraggeber zu übergebenden Unterlagen (siehe § 3 Abs. 1 VOB/B) gehören insbesondere:

— Ausführungspläne als Grundrisse, Funktions- und Strangschemata sowie Schnitte mit Dimensionsangaben,
— Anlagenkonzeption mit Regelschemata,
— Schlitz- und Durchbruchpläne,
— Berechnungen für Heiz- und Kühllast mit jeweils zugehörigen Rohrnetz- und Pumpenauslegungen, der energetische Nachweis und die wesentlichen energiebezogenen Merkmale, die der Anlagenaufwandszahl zugrunde liegen,
— Leistungsdaten für Wärmeerzeuger und Wärmeübertrager,
— Angaben zum Schall-, Wärme- und Brandschutz.

**3.1.3** Der Auftragnehmer hat bei der Prüfung der vom Auftraggeber gelieferten Planungsunterlagen und Berechnungen (siehe § 3 Abs. 3 VOB/B) u. a. hinsichtlich der Beschaffenheit und Funktion der Anlage insbesondere zu achten auf:

— die Heizlast,
— die Wärmeleistung der Wärmeerzeuger und Heizflächen,
— die Querschnitte und Ausführungen der Abgasleitungen,
— die Sicherheitseinrichtungen,
— die Rohrleitungsquerschnitte, Pumpenauslegungen und Netzhydraulik,
— die Mess-, Steuer- und Regeleinrichtungen,
— den Schallschutz,
— den Wärmeschutz,
— den Brandschutz,
— die Luftdichtheit der Gebäudehülle.

**3.1.4** Als Bedenken nach § 4 Abs. 3 VOB/B können insbesondere in Betracht kommen:

— Unstimmigkeiten in den vom Auftraggeber gelieferten Planungsunterlagen und Berechnungen (siehe § 3 Abs. 3 VOB/B),

- erkennbar mangelhafte Ausführung, nicht rechtzeitige Fertigstellung oder das Fehlen von Fundamenten, Schlitzen und Durchbrüchen,
- ungenügende Maßnahmen für den Schall-, Wärme- und Brandschutz,
- ungeeignete Bauart der Abgasanlagen und ungeeigneter Querschnitt der Abgasleitungen sowie der luftführenden und Installationsschächte,
- unzureichende Anschlussleistung für Energieträger,
- nicht ausreichender Platz für die Bauteile bzw. für deren Transport zum Einbauort,
- unzureichende Voraussetzungen für die Aufnahme von Reaktionskräften,
- fehlende Bezugspunkte,
- ungeeignete Bedingungen, die sich aus der Witterung oder dem Raumklima ergeben (siehe Abschnitt 3.1.5),
- dem Auftragnehmer bekannt gewordene Änderungen von Voraussetzungen, die der Planung zugrunde gelegen haben.

**3.1.5** Bei ungeeigneten Bedingungen, die sich aus der Witterung oder dem Raumklima ergeben, z. B. Temperaturen unter 5 °C bei Verlegearbeiten von Kunststoffverbundrohren in Rollenform, sind in Abstimmung mit dem Auftraggeber besondere Maßnahmen zu ergreifen. Sollten hierfür Leistungen erforderlich werden, sind dies Besondere Leistungen (siehe Abschnitt 4.2.33).

**3.1.6** Bleibt die Leitungsführung dem Auftragnehmer überlassen, hat dieser einen Ausführungsplan zu erstellen und mit dem Auftraggeber vor Ausführung abzustimmen, damit die erforderlichen Fundament-, Schlitz-, Durchbruch- und Montagepläne erstellt werden können. Diese Leistungen sind Besondere Leistungen (siehe Abschnitt 4.2.1).

**3.1.7** Bei Veränderungen, die vorhandene elektrische Schutzmaßnahmen an bestehenden Anlagen beeinträchtigen könnten, z. B. Einbau von Isolierstücken, hat der Auftragnehmer den Auftraggeber darauf hinzuweisen, dass durch einen zugelassenen Elektroinstallateur geprüft werden muss, ob durch die vorgesehenen Arbeiten die Schutzmaßnahmen beeinträchtigt werden.

**3.1.8** Der Auftragnehmer hat die für die Ausführung erforderlichen Genehmigungen und anlagenspezifischen, technischen Abnahmen zu veranlassen.

**3.1.9** Stemm-, Fräs- und Bohrarbeiten am Bauwerk dürfen nur in Abstimmung mit dem Auftraggeber ausgeführt werden.

**3.1.10** Müssen auftretende Reaktionskräfte in das Bauwerk abgeleitet werden, sind die Kräfte vom Auftragnehmer zu ermitteln und dem Auftraggeber vor Ausführung der Leistung bekannt zu geben.

### 3.2 Anforderungen

#### 3.2.1 Allgemeines

Für die Ausführung gelten die im Abschnitt 2 aufgeführten Technischen Regeln sowie insbesondere:

| | |
|---|---|
| DIN 4703-3 | Raumheizkörper — Teil 3: Umrechnung der Norm-Wärmeleistung |
| DIN 4755 | Ölfeuerungsanlagen — Technische Regel Ölfeuerungsinstallation (TRÖ) — Prüfung |
| DIN EN 12977-1 | Thermische Solaranlagen und ihre Bauteile — Kundenspezifisch gefertigte Anlagen — Teil 1: Allgemeine Anforderungen an Solaranlagen zur Trinkwassererwärmung und solare Kombianlagen |
| DIN EN 14336 | Heizungsanlagen in Gebäuden — Installation und Abnahme der Warmwasser-Heizungsanlagen |

Bei der Ausführung multivalenter Anlagen ist besonders auf die gegenseitige Abstimmung der Heiz- und Regeleinrichtungen zu achten.

#### 3.2.2 Sicherheitseinrichtungen

| | |
|---|---|
| DIN 4754 (alle Teile) | Wärmeübertragungsanlagen mit organischen Wärmeträgern |

#### 3.2.3 Anlagen zur Energieversorgung

| | |
|---|---|
| TRwS 791-1 | Technische Regel wassergefährdender Stoffe (TRwS) — Heizölverbraucheranlagen — Teil 1: Errichtung, betriebliche Anforderungen und Stilllegung von Heizölverbraucheranlagen[5)] |

Technische Anschlussbedingungen der örtlichen Versorgungsunternehmen.

#### 3.2.4 Abgasanlagen

DIN V 18160-1 Abgasanlagen — Teil 1: Planung und Ausführung

#### 3.2.5 Rohrleitungen

Die Rohre sind so zu verlegen, dass sie sich ohne Schäden zu verursachen ausdehnen können. Neben- und übereinander laufende und sich kreuzende Rohre dürfen sich auch bei Ausdehnung nicht berühren.

---

5) Autor: DWA Deutsche Vereinigung für Wasserwirtschaft, Abwasser und Abfall e. V., Theodor-Heuss-Allee 17, 53773 Hennef, www.dwa.de. Zu beziehen durch: Beuth Verlag GmbH, 10772 Berlin, www.beuth.de.

Die Rohrleitungen sind ferner so zu verlegen, dass Bedienungstüren, Kontrollklappen und dergleichen frei zugänglich und zu betätigen sind.

Lösbare Verbindungen, deren Dichtheit nicht dauerhaft sichergestellt ist, müssen zugänglich sein.

Bei Leitungsdurchführungen durch Decken und Wände sind die Belange des Schall-, Wärme-, Feuchte- und Brandschutzes sowie der Luftdichtheit zu berücksichtigen. Erforderliche Leistungen sind Besondere Leistungen (siehe Abschnitt 4.2.10).

Erdverlegte Rohrleitungen sind in Anlehnung an DIN EN 1610 „Verlegung und Prüfung von Abwasserleitungen und -kanälen" zu verlegen.

### 3.2.6 Armaturen und Pumpen

Armaturen mit gleichen Funktionen sind typengleich auszuführen.

### 3.2.7 Mess-, Steuer- und Regeleinrichtungen

**3.2.7.1** Stellglieder der Regelstrecken von funktional eigenständigen Einrichtungen, welche in Anlagen eingebaut werden, die nicht zur vertraglichen Leistung gehören, sind vom Auftragnehmer mit dem Verantwortlichen für die betreffende Anlage abzustimmen.

**3.2.7.2** Messwertgeber sind an dafür geeigneten Stellen so einzubauen, dass der Messwert richtig erfasst wird.

**3.2.7.3** Anzeigegeräte müssen gut ablesbar, zu betätigende Geräte leicht zugänglich und bedienbar sein.

**3.2.7.4** Der Auftragnehmer hat bei der Prüfung und Inbetriebnahme der von ihm vorgenommenen elektrischen Verkabelung sowie der von ihm erstellten Steuer- und Regelanlage eine mit Anlagen dieser Art vertraute Fachkraft zur Verfügung zu stellen.

Gehört die elektrische Verkabelung oder die Mess-, Steuer- und Regeltechnik nicht zu den vertraglichen Leistungen, so ist das Abstellen einer Fachkraft während der Prüfung oder der Inbetriebnahme eine Besondere Leistung (siehe Abschnitt 4.2.16).

### 3.2.8 Raumheizflächen

**3.2.8.1** Heizkörper sind mit den Rohrleitungen so zu verbinden, dass sie leicht lösbar, entleerbar und abnehmbar sind. Heizkörper und ihre Armaturen müssen gut zugänglich sein.

### 3.2.9 Fußbodenheizungen

DIN EN 1264-1 Raumflächenintegrierte Heiz- und Kühlsysteme mit Wasserdurchströmung — Teil 1: Definitionen und Symbole

DIN EN 1264-4 Raumflächenintegrierte Heiz- und Kühlsysteme mit Wasserdurchströmung — Teil 4: Installation

**3.2.10 Dämmung und Brandschutz**

Teile der Anlage, die eine Ummantelung/Dämmung erhalten sollen, sind so zu installieren, dass diese Leistung ordnungsgemäß ausgeführt werden kann.

**3.2.11 Schallschutz**

Wenn Schallschutzmaßnahmen an der Anlage auszuführen sind, müssen sie den Anforderungen der DIN 4109 „Schallschutz im Hochbau — Anforderungen und Nachweise" entsprechen.

**3.3 Anzeige, Erlaubnis, Genehmigung und Prüfung**

Die für die behördlich vorgeschriebenen Anzeigen oder Anträge notwendigen zeichnerischen und sonstigen Unterlagen sowie Bescheinigungen sind entsprechend der für die Anzeige-, Erlaubnis- oder Genehmigungspflicht vorgeschriebenen Anzahl vom Auftragnehmer dem Auftraggeber zur Verfügung zu stellen. Dies gilt nicht, wenn die Prüfvorschriften für Anlagenteile eine dauerhafte Kennzeichnung statt einer Bescheinigung zulassen.

**3.4 Druckprüfung**

**3.4.1** Der Auftragnehmer hat die Anlage nach dem Einbau und vor dem Schließen der Mauerschlitze und Wand- und Deckendurchbrüche sowie gegebenenfalls vor dem Aufbringen des Estrichs oder einer anderen Überdeckung einer Druckprüfung zu unterziehen.

**3.4.2** Wasserheizungen und Wassererwärmungsanlagen sind nach DIN EN 14336 „Heizungsanlagen in Gebäuden — Installation und Abnahme der Warmwasser-Heizungsanlagen" zu prüfen. Dabei ist die hydraulische Druckprüfung wie auch die pneumatische Druckprüfung zulässig.

**3.4.3** Dampfanlagen sind mit einem Druck zu prüfen, der dem Ansprechdruck des Sicherheitsventils entspricht. Zusätzlich sind die Technischen Regeln für Dampfkessel TRD der Reihe 500 zu beachten.

**3.4.4** Über die Druckprüfungen sind Protokolle zu erstellen. Aus ihnen müssen hervorgehen:

— Datum der Prüfung,

— Anlagendaten wie Aufstellungsort, höchstzulässiger Betriebsdruck, bezogen auf den tiefsten Punkt der Anlage,

— Prüfdruck, bezogen auf den Ansprechdruck des Sicherheitsventils,

— Dauer der Beaufschlagung mit dem Prüfdruck,

— Bestätigung, dass die Anlage dicht ist und an keinem Bauteil eine bleibende Formänderung aufgetreten ist.

### 3.5 Einstellen der Anlage

**3.5.1** Der Auftragnehmer hat die Anlagenteile so einzustellen, dass die geplanten Funktionen und Leistungen erbracht und die gesetzlichen Bestimmungen erfüllt werden.

Der hydraulische Abgleich ist mit den rechnerisch ermittelten Einstellwerten so vorzunehmen, dass bei bestimmungsgemäßem Betrieb, also z. B. auch nach Raumtemperaturabsenkung oder Betriebspausen der Heizanlage, alle Wärmeverbraucher entsprechend ihrer Heizlast mit Heizwasser versorgt werden.

**3.5.2** Die Einstellung ist zur Abnahme vorzunehmen.

**3.5.3** Das Bedienungs- und Wartungspersonal für die Anlage ist durch den Auftragnehmer einmal einzuweisen.

### 3.6 Abnahme

Es ist zur Abnahme eine Vollständigkeits- und Funktionsprüfung durchzuführen, eine Funktionsmessung jedoch nur nach besonderer Vereinbarung.

#### 3.6.1 Vollständigkeitsprüfung

Die Vollständigkeitsprüfung besteht aus folgenden Einzelprüfungen:

- Vergleich der Lieferung mit der Leistungsbeschreibung sowohl hinsichtlich des Umfanges als auch der Stoffe und gegebenenfalls der Eigenschaften und Ersatzteile,
- Prüfung auf Einhaltung technischer und behördlicher Vorschriften,
- Prüfung, ob alle für das Betreiben der Anlage notwendigen Unterlagen vorhanden sind.

#### 3.6.2 Funktionsprüfung

Die Funktionsprüfung der Gesamtanlage ist im Rahmen eines Probebetriebes durchzuführen. Sie umfasst:

- die Sicherheitseinrichtungen,
- die Wärmeerzeuger sowie die Heizflächen,
- die Regel- und Schalteinrichtungen.

Schmutzfänger und Filter sind nach dem Probebetrieb zu reinigen.

### 3.7 Mitzuliefernde Unterlagen

Der Auftragnehmer hat folgende Unterlagen aufzustellen und dem Auftraggeber spätestens bei der Abnahme nach folgender Sortierung zu übergeben:

- elektrische Übersichtsschaltpläne und Anschlusspläne nach DIN EN 61082-1 (VDE 0040-1) „Dokumente der Elektrotechnik — Teil 1: Regeln“;

- Zusammenstellungen der wichtigsten technischen Daten;
- Kopien der vorgeschriebenen Prüf- und Herstellerbescheinigungen, Verwendbarkeitsnachweise, Fachunternehmererklärungen;
- alle für einen sicheren und wirtschaftlichen Betrieb erforderlichen Bedienungs- und Wartungsanleitungen, insbesondere nach DIN EN 12170 „Heizungsanlagen in Gebäuden — Betriebs-, Wartungs- und Bedienungsanleitungen — Heizungsanlagen, die qualifiziertes Bedienungspersonal erfordern" und DIN EN 12171 „Heizungsanlagen in Gebäuden — Betriebs-, Wartungs- und Bedienungsanleitungen — Heizungsanlagen, die kein qualifiziertes Bedienungspersonal erfordern";
- Protokolle über die Druckprüfung;
- Protokoll über die Einweisung des Wartungs- und Bedienungspersonals;
- Protokoll über die Abgasmessung.

Die Unterlagen sind dem Auftraggeber in Papierform, 3-fach, in deutscher Sprache auszuhändigen. Begriffe, Abkürzungen, Kurzzeichen, usw. dürfen entsprechend den normativen Regelwerken verwendet werden.

## 4 Nebenleistungen, Besondere Leistungen

**4.1 Nebenleistungen** sind ergänzend zur ATV DIN 18299, Abschnitt 4.1, insbesondere:

**4.1.1** Prüfen der Unterlagen des Auftraggebers nach Abschnitt 3.1.3.

**4.1.2** Auf-, Um- und Abbauen sowie Vorhalten von Gerüsten für eigene Leistungen, sofern die zu bearbeitende Fläche nicht höher als 3,50 m über der Standfläche des hierfür erforderlichen Gerüstes liegt.

**4.1.3** Ausgleichen abgestufter oder geneigter Standflächen von Gerüsten bis zu 40 cm Höhenunterschied, z. B. über Treppen oder Rampen.

**4.1.4** Typ- und Leistungsschilder.

**4.1.5** Anschlüsse, Wand- und Deckendurchführungen ohne besondere Anforderungen, ausgenommen Leistungen nach Abschnitt 4.2.10.

**4.1.6** Anbringen von Konsolen und Halterungen, ausgenommen Leistungen nach Abschnitt 4.2.12.

**4.1.7** Schutz von Bau- und Anlagenteilen vor Verunreinigungen und Beschädigungen durch die Arbeiten an Heiz- und zentralen Wassererwärmungsanlagen sowie Wärmeverteilanlagen durch loses Abdecken, Abhängen oder Umwickeln, ausgenommen Schutzmaßnahmen nach Abschnitt 4.2.31.

**4.1.8** Vorlegen vorgefertigter Oberflächen- und Farbmuster.

**4.1.9** Fertigstellen von Bauteilen in mehreren Arbeitsgängen zur Ermöglichung von Arbeiten anderer Unternehmer, soweit die eigenen Leistungen im Zuge gleichartiger Arbeiten kontinuierlich erbracht werden können. Sind diese Voraussetzungen nicht gegeben, handelt es sich um Besondere Leistungen nach Abschnitt 4.2.32.

**4.2 Besondere Leistungen** sind ergänzend zur ATV DIN 18299, Abschnitt 4.2, z. B.:

**4.2.1** Planungsleistungen wie Entwurfs-, Ausführungs- und Genehmigungsplanung sowie die Planung von Schlitzen und Durchbrüchen.

**4.2.2** Anzeichnen von Durchbrüchen, wenn deren Ausführung nicht im Leistungsumfang des Auftragnehmers enthalten ist.

**4.2.3** Besondere Maßnahmen zur Schalldämmung und Schwingungsdämpfung von Anlagenteilen gegen den Baukörper.

**4.2.4** Vorhalten von Aufenthalts- und Lagerräumen, wenn der Auftraggeber Räume, die leicht verschließbar gemacht werden können, nicht zur Verfügung stellt.

**4.2.5** Auf-, Um- und Abbauen sowie Vorhalten von Gerüsten für Leistungen anderer Unternehmer.

**4.2.6** Auf-, Um- und Abbauen sowie Vorhalten von Gerüsten für eigene Leistungen, sofern die zu bearbeitende Fläche höher als 3,50 m über der Standfläche des hierfür erforderlichen Gerüstes liegt.

**4.2.7** Auf-, Um- und Abbauen sowie Vorhalten von Gerüsten mit abgestufter oder geneigter Standfläche, z. B. über Treppen oder Rampen, sofern ein Ausgleich von mehr als 40 cm erforderlich ist.

**4.2.8** Herstellen von Schlitzen und Durchbrüchen.

**4.2.9** Anpassen von Anlagenteilen an nicht maßgerecht ausgeführte Leistungen anderer Unternehmer.

**4.2.10** Anschlüsse, Wand- und Deckendurchführungen mit besonderen Anforderungen, z. B. an die Luftdichtheit, Gasdichtheit, Wasserdichtheit.

**4.2.11** Rosetten an Wand- und Deckendurchführungen.

**4.2.12** Besondere Befestigungskonstruktionen, z. B. Widerlager, Rohrleitungsfestpunkte, Rohrlager mit Gleit- oder Rollenelementen, Tragschalen, Stützgerüste.

**4.2.13** Funktions-, Bezeichnungs- und Hinweisschilder.

**4.2.14** Herstellen von Fundamenten für Pumpen, Behälter und sonstige Anlagenteile.

**4.2.15** Einbinden, Anschließen und Anbohren an bestehende Rohrleitungen, Schächte und Anlagenteile.

**4.2.16** Prüfen der elektrischen Verkabelung und der Mess-, Steuer- und Regelanlage sowie Abstellen einer Fachkraft bei der Inbetriebnahme der Mess-, Steuer- und Regelanlage, wenn die Leistungen nicht vom Auftragnehmer ausgeführt wurden.

**4.2.17** Liefern der für die Druckprüfung, die Inbetriebnahme und den Probebetrieb nötigen Betriebsstoffe und Medien.

**4.2.18** Leistungen für provisorische Maßnahmen zum Betreiben der Anlage oder von Anlagenteilen vor der Abnahme auf Anordnung des Auftraggebers, z. B. Belegreifheizen des Estrichs.

**4.2.19** Betreiben der Anlagen oder von Anlagenteilen.

**4.2.20** Zusätzliche Druckprüfung sowie zusätzliches Füllen — auch mit Frostschutzmitteln — und Entleeren der Leitungen aus Gründen, die der Auftraggeber zu vertreten hat.

**4.2.21** Besondere Prüfungen, z. B. Prüfung von Lötnähten, Schweißnähten, Luftdichtheit der Gebäudehülle.

**4.2.22** Wasseranalysen und Gutachten.

**4.2.23** Aufwendungen für vorgeschriebene anlagenspezifische, technische Abnahmeprüfungen.

**4.2.24** Wiederholtes Einweisen des Bedienungs- und Wartungspersonals (siehe Abschnitt 3.5.3).

**4.2.25** Funktionsmessung nach Abschnitt 3.6, einschließlich deren Dokumentation.

**4.2.26** Erstellen von Bestandsplänen, Funktions- und Strangschemata.

**4.2.27** Dokumentation des hydraulischen Abgleichs mit Hilfe von Messgeräten und des Vergleichs mit den rechnerisch ermittelten Einstellungen nach Abschnitt 3.5.1.

**4.2.28** Spülen von Rohrleitungen und Anlagenteilen einschließlich deren Dokumentation, einschließlich der Gestellung der dazu erforderlichen Geräte und Betriebsstoffe.

**4.2.29** Bereitstellen von zusätzlichen Daten, die über die Angaben von VDI 3813[1] und VDI 3814[1] hinausgehen.

**4.2.30** Besondere Maßnahmen für den Brandschutz bei Schweiß- und Lötarbeiten, z. B. Stellen einer Brandwache.

**4.2.31** Besonderer Schutz von Bau- und Anlagenteilen sowie Einrichtungsgegenständen, z. B. Abkleben von Fenstern, Türen, Böden, Belägen, Treppen, Hölzern, Dachflächen, oberflächenfertigen Teilen, staubdichtes Abkleben von empfindlichen Einrichtungen und technischen Geräten, Staubschutzwände, Notdächer, Auslegen von Hartfaserplatten oder Bautenschutzfolien ab 0,2 mm Dicke.

**4.2.32** Fertigstellen von Bauteilen in mehreren Arbeitsgängen zur Ermöglichung von Arbeiten anderer Unternehmer, soweit die eigenen Leistungen nicht im Zuge gleichartiger Arbeiten kontinuierlich erbracht werden können (siehe Abschnitt 4.1.9).

**4.2.33** Maßnahmen zum Schutz vor ungeeigneten Bedingungen, die sich aus der Witterung oder dem Raumklima ergeben, nach Abschnitt 3.1.5.

**4.2.34** Maßnahmen für den Brand-, Schall-, Wärme-, Feuchte- und Strahlenschutz, soweit diese über die Leistungen nach Abschnitt 3 hinausgehen.

**4.2.35** Reinigen des Untergrundes von grober Verschmutzung, z. B. Gipsreste, Mörtelreste, Farbreste, Öl, soweit diese nicht durch den Auftragnehmer verursacht wurde.

## 5 Abrechnung

Ergänzend zur ATV DIN 18299, Abschnitt 5, gilt:

### 5.1 Allgemeines

Der Ermittlung der Leistung — gleichgültig, ob sie nach Zeichnung oder nach Aufmaß erfolgt — sind zugrunde zu legen

- die Maße der hergestellten Anlagen oder Anlagenteile, Stücklisten dürfen hinzugezogen werden,
- für Flächenheizungen, z. B. Fußbodenheizungen, die nach Flächenmaß abgerechnet werden:
  - auf Flächen mit begrenzenden Bauteilen die Maße der belegten Flächen bis zu den sie begrenzenden, ungeputzten, ungedämmten, nicht bekleideten Bauteilen,
  - auf Flächen ohne begrenzende Bauteile die Maße der belegten Flächen.

---

[1] Autor: VDI — Gesellschaft Bauen und Gebäudetechnik, VDI-Platz 1, 40468 Düsseldorf, www.vdi.de. Zu beziehen durch: Beuth Verlag GmbH, 10772 Berlin, www.beuth.de.

Zur Leistungsermittlung sind die vereinfachenden Regeln, wie Übermessungsregeln und Einzelregelungen anzuwenden.

### 5.2 Ermittlung der Maße/Mengen

**5.2.1** Bei Abrechnung nach Längenmaß werden Rohrleitungen in der Mittelachse gemessen. Dabei werden Rohrbögen bis zum Schnittpunkt der Mittelachsen gemessen. Armaturen, Rohrbögen und Formstücke werden zusätzlich gerechnet.

**5.2.2** Bei Abrechnung nach Masse ist diese nach folgenden Grundsätzen zu berechnen:

**5.2.2.1** Es sind anzusetzen:

- bei Stahlblechen und Bandstahl 7,85 kg/m$^2$ je 1 mm Dicke,
- bei genormten Profilen die Masse nach den Angaben in den DIN-Normen,
- bei anderen Profilen die Masse nach den Angaben in den Profilbüchern der Hersteller.

**5.2.2.2** Bei der Berechnung der Masse bleiben unberücksichtigt: Verbindungsmittel, z. B. Schrauben, Niete, Schweißgut.

**5.2.2.3** Bei verzinkten Bauteilen oder verzinkten Konstruktionen werden zu den Massen, die nach den zuvor genannten Grundsätzen ermittelt wurden, 5 % aufgrund der Gewichtszunahme durch das Verzinken zugeschlagen.

### 5.3 Übermessungsregeln

Übermessen werden:

**5.3.1** Bei Abrechnung nach Flächenmaß

- bei Fußbodenheizungen Aussparungen ≤ 2,5 m$^2$.

**5.3.2** Bei Abrechnung nach Längenmaß

- Armaturen,
- Rohrbögen,
- Form-, Pass- und Verbindungsstücke.

### 5.4 Einzelregelungen

Keine Regelungen.